Bian Zhu
Wu Pengcheng

武鹏程 ◎ 编著

JUE MEI HAI JING

绝美
海景集锦

非凡海洋
Fei Fan Hai Yang

海洋出版社
北京

图书在版编目(CIP)数据

绝美海景集锦 / 武鹏程编著. — 北京：海洋出版社，2025. 1. — ISBN 978-7-5210-1354-2

Ⅰ. P7–49

中国国家版本馆CIP数据核字第2024VG1458号

非凡海洋大系

绝美海景

集锦

JUEMEI HAIJING JIJIN

总 策 划：刘　斌

责任编辑：刘　斌

责任印制：安　淼

排　　版：申　彪

出版发行：海洋出版社

地　　址：北京市海淀区大慧寺路8号
100081

经　　销：新华书店

发 行 部：（010）62100090

总 编 室：（010）62100034

网　　址：www.oceanpress.com.cn

承　　印：保定市铭泰达印刷有限公司

版　　次：2025年1月第1版
2025年1月第1次印刷

开　　本：787mm × 1092mm　1/16

印　　张：13.5

字　　数：324千字

定　　价：68.00元

本书如有印、装质量问题可与发行部调换

前　言

徜徉大洋路，玩赏奇特的风景带；潜入帕劳海底，欣赏缤纷的珊瑚礁；在当今世界，能让人产生原始冒险和探索感觉的地方可谓寥寥无几。然而，进入海洋这片极少有人进入的领域却能给人这种感觉。

海景，简单来说就是海洋景观。它可以是蓝天碧海；也可以是微生物丰富的叠层石礁；还可以是两大洋交汇而产生的美丽泡沫……虽然世界上只有七大洲、五大洋，但由于环境、地域的不同，造就了海洋的千般美景。当然，海洋带给我们的远远不止这些，神秘的蓝洞、恐怖的百慕大三角、海洋深处不知名的巨大生物……这些未解之谜，至今仍激励人们去探索研究。

本书选择了世界上众多著名海景进行介绍，用美丽的照片，带您一起去感受海洋的魅力。当然，本书仅选择了部分海景，而海洋的美丽远远不止这些，它在等待有好奇心和想象力的您前去探索。

目 录

亚洲篇

美洲篇

非洲篇

欧洲篇

大洋洲篇

南极洲篇

Asia Articles

1 亚洲篇

世界上最浪漫的沙滩

长滩岛白沙滩

海洋，是大自然的神奇造化，它用浪花展现着自己的婀娜多姿，同时，它也创造着许多特别的景致，沙滩，就是在大海和海底岩石的相互作用下形成的美丽海景。这些因日积月累的冲积而形成的沙滩，在岁月的长河中发生了一些奇妙的变化，本该平淡无奇的它们穿上了瑰丽的外衣。白沙滩，就是在众多沙滩中脱颖而出的一道迷人景色。

所在地：菲律宾长滩岛

特　点：长达 4 千米的白沙滩，沙质细软，踩上去十分舒适…

白沙撑起的岛屿

世界上许多地方都有白沙滩，如我国的北海银滩、泰国苏梅岛的查汶海滩，但说到全世界最为著名的白沙滩，非长滩岛的白沙滩莫属。甚至可以说，白沙滩是长滩岛之所以受到众多旅行者极力推荐的重要原因。

长滩岛位于菲律宾中部，是菲律宾客流量最多的旅游景点之一，这里可大致分为旱季和雨季两个季节，6—10 月为雨季，气候湿热，游客相对较少。11 月至次年 5 月为旱季，降雨较少，是这里的旅游旺季。每到傍晚，海天相接时，整个长滩岛在夕阳的照射下呈现油画般的色彩，冲浪归来的人、海边散步的人、躺在摇椅上看日落的人以及在沙滩上玩着白沙的人，一起构成了

[白沙滩]

沙滩上躺着日光浴的多为欧洲人，从早晨开始一直到太阳落山，他们都在晒太阳，直到皮肤发黑！原因大概是对于欧洲北部寒冷地带的人来说，阳光太宝贵了。

一幅和谐而又美丽的图画。长滩岛长约 7 千米，有一片长达 4 千米的白色沙滩，享受着世界各地人们对它的赞誉，1990 年《BMW 热带海滩手册》就将其评选为世界最美沙滩之一；1996 年，英国刊物《TV Quick》推选其为世界一流的热带海滩。2007 年，长滩岛在雅虎旅游“世界最受欢迎海滩”的评选中获得第一名。太多的赞誉，给了这座偏居一隅的小岛，虽然它没有什么人文古迹，但仅凭借这一片白沙滩便足可以傲立于世。

[小酒吧]

4 千米长的白沙滩的岸边建满了旅馆和酒吧，沙滩是游人共享的，放置的沙滩椅、大阳伞都可享受，可以自由走动，但每个旅馆保养各自的海滩。假如不小心在沙滩椅上遗忘了私人物品，大部分都可以从保安处找回。

怡人的海洋气候，美丽的海岸风光，除了这些热带海岛元素，长滩岛细白如银的沙滩才是许多旅行者慕名而来的重要因素。当然，每个来到这里的旅行者从来都不会失望而归，在这里，可以尽情享受一望无垠的雪白沙滩带给人们的美好心情，白天可以在沙滩上享受自然的洗礼，夜晚则可以在沙滩边小店内眺望星光与海波。海滩上柔软的白色沙粒和碧绿色的大海相映成趣，景色十分迷人。由于海滩绵延，十分的广阔，因此，即使在游人较多的旺季，这里也不会显得过于拥挤。绵延弯曲的海岸、银白色的幼沙以及平静碧蓝的海水，它们一起构成了一幅迷人的风景画。沙滩平缓舒展，沙质洁白细腻，海水碧蓝温暖，即使在骄阳似火的正午时分，踏在沙上也依然清凉，让人们对这片沙滩充满了好感，这就是这里的海，这里的沙。

中国人在海滩上很有自己的特色，欧美人大部分是穿比基尼玩水或拿本书躺在太阳下晒黑，中国人到海边，常常是女人蹲在岸上打着伞，怕晒黑；男人在水里陪孩子。日本人、韩国人也差不多这样。

消磨时光也是一种享受

无聊的时候，可以在沙滩上来来回回，消磨一个又一个的漫漫长日，毕竟，旅行不一定要忙忙碌碌，当人们每一次把脚轻踩在白沙上边，都会有不一样的感觉，就像儿时母亲温柔的抚摸，让人们心安而又享受。

沙滩需要和阳光互相配合才能形成最宜人的景致。

[白沙滩沙雕]

[螃蟹船]

船的两侧各有 4 根伸出去的支架，样子有些像螃蟹的脚，这种独特的结构使船在行驶中更平稳。听说这是菲律宾人独创的船只，由于外形像螃蟹而得名。

白沙滩 1 号码头和 2 号码头最热闹，有超市、餐馆、商店、搭车点，这附近比较方便，大多数酒店集中在这一带，各种项目也都在这一带揽客，海面上各种船只来来往往。

白沙滩 3 号码头人很少，没什么商店和餐馆，这里很少看到中国人，大多是欧洲来的，他们常弄一躺椅在沙滩上一躺就是一天。

去白沙滩，喜欢热闹、吃喝和参加活动就住在 1、2 号码头附近；喜欢安静和沙滩去 3 号码头，喜欢珊瑚和浮潜就去北面的 Diniwi beach。

当你脱掉外套准备和白沙滩来个亲密接触时，此时，调皮的阳光会在不经意间射到你的脸颊上，像一个小孩，淘气却又可爱。

长滩岛的白沙滩是由大片珊瑚磨碎后在海底形成的，白沙多位于热带、亚热带海域，是珊瑚、贝类等破碎后的产物，主要成分是碳酸钙等，因此显白色。温带海域的多为黄沙，是岩石破碎后产生的，其成分主要是石英，因此显黄色。因此，特殊的地理位置是白沙滩的重要成因，一般在温带地区，人们很难看到白沙，都是从别的海滩上搬运“白沙”用来“混淆视听”，这种人工的白沙滩自然没有天然白沙滩那种“天然去雕饰”的美感。

白沙滩是整个岛上最为奢侈的沙滩，它拥有许多的浴场和酒店，供来自世界各地的旅客消遣玩耍。你可以在此架一个吊床，在椰林荫蔽处欣赏海洋风光，也可以和情人一起漫步在沙滩上，和身边的他或她一起感受细软的沙滩的触感。因为常有情侣出没，这里也被称为全世界最浪漫的白沙滩，它是许多人的蜜月旅行胜地，拥有别的海滩所不具备的爱情魔力。

在长滩岛，热带岛屿元素一样都不少，但这里最吸引人眼球的还是这一片白茫茫的沙滩，不管是远眺还是近看，不管是在朝阳中还是夕阳下，这片沙滩都是如此美得醉人，美得迷离，美得让人欲罢不能，相信这片白沙，也一定能成为你出发的理由。

东方夏威夷

浅水湾

海湾是指海中U形或半圆形的陆地部分，世界上较为知名的海湾有孟加拉湾、几内亚湾、巴芬湾等。在我国香港也有一个这样的美丽海湾，它被称为东方夏威夷，这里坡缓滩长，波平浪静，水清沙幼，沙滩宽阔洁净而水浅，且冬暖夏凉，十分有情调，是游客避暑的极佳选择。

浅水湾位于香港岛南部，海湾呈新月形，它被称为“天下第一湾”，另外也有“东方夏威夷”的美誉。浅水湾水较浅，因此被称为浅水湾，浅水湾的英文名为 Repulse Bay，取自20世纪40年代曾在该湾停泊的英国军舰 HMS Repulse，在浅水湾被日本占领期间，它曾被改名为绿之滨。

这里水清沙幼，十分美丽，在我国香港的很多影视剧中，浅水湾也一再作为背景而出现，在近代著名小说家张爱玲的经典作品《倾城之恋》中，浅水湾也是男女主人公情定终身之所。这些电视剧和小说中对浅水湾的生动描写，也加深了游人们对此地的了解及向往。

浅水湾是我国香港最具代表性的海湾，黄昏入暮，夕阳西下，景色美不胜收，浅水湾沙滩旁还植有树木，伴随着海风，树木微微摆动，形成了一幅十分美丽的风景画。浅水湾东部是极富宗教色彩的镇海楼公园。园内面海矗立着两尊巨大雕像，它们是当地人们崇拜的两位神仙：“大后娘娘”和“观音菩萨”，其旁还放置了海龙王、河伯、福星、禄星、寿星等人物塑像，栩栩如生。

所在地：我国香港

特　点：浅水湾是我国香港最具代表性的海湾，黄昏入暮，夕阳西下，景色美不胜收……

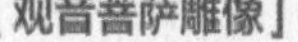

［观音菩萨雕像］

［天后娘娘雕像］

由于浅水湾地理环境优越，风景迷人，许多富人、政要及官员纷纷定居于此，因此，这里也已经成为香港著名的高级住宅区之一。

［乌鲁瓦图断崖］

要拍到情人崖的全景，不要从主干道进去，进门后延小路右拐，走 200 米左右有个观景台，那里能拍到全景。

比风景更美的爱情传说

乌鲁瓦图断崖

许多美景都会被有想象力的人们赋予各种传说，不管是黄鹤楼、望夫崖还是天涯海角，都包含着先人们的智慧与想象力。确实，再美的悬崖峭壁如果没有故事的衬托也不过是一堆冷冰冰的石头，再绚烂的风景如果没有融情入景也唤不起旅行者的共鸣。

所在地：印度尼西亚巴厘岛

特　点：当光线从海面透过水道打进洞里时，蓝洞内隐约投射出淡蓝色的光芒，十分迷人

比风景更美的爱情故事

乌鲁瓦图断崖位于巴厘岛最南端的努沙杜瓦，是巴厘岛著名景点之一。乌鲁瓦图断崖是地球在造山运动时，海底向地面翘起的一块岩石。但富有想象力的人们把这块冷冰冰的岩石进行了“加工”，为其谱写了一个美丽而又悲伤的爱情故事。

传说在当地，有对门不当户不对的青年男女相爱，女子的父亲是当地的村长，而男子只是当地一个身份十分低微的平民。因此，两人的爱情受到了村长的极力反对，两人挣扎无果后选择在乌鲁瓦图断崖相拥投海殉情。为了纪念这对恋人，当地人把这座断崖取名为情人崖。

这个故事就像是印度尼西亚版的梁祝，凄美而又动人，而在当今时代，这个极具神秘色彩的爱情悲剧也成为当地一大“卖点”，为当地引来了无数对相依相恋的情侣，许多人还把这里选为自己情定终身的地方。

乌鲁瓦图断崖地处亚洲的最南端，它面朝印度洋，可以称得上印度尼西亚的天涯海角。这里风景十分秀美，蓝天白云，绿树成荫，波澜壮阔，晴空下的茫茫大海，矗立在眼前的断崖，高塔，还有满山的凤凰树，色彩堪比油画，使人仿佛身处仙境。人们可以站在悬崖边鸟瞰湛蓝的海水，看着海浪拍打着崖壁，冲击成巨大的白色浪花，海天一线，十分壮观。在断崖的另一侧，是青青的高山草甸，草甸一直延伸到断崖尽头，悬崖下的草甸上吃草的牛羊，伴着傍晚徐徐的落日，海浪、悬崖、夕阳、晚霞勾勒出了一幅十分美丽的景象，美不胜收，十分浪漫。

[乌鲁瓦图断崖上的小教堂]

这个很小的玻璃建筑，是当地酒店专门为游客准备的教堂，它建在悬崖上。据说如果有情侣想在此办婚礼，而又没有宾客，酒店的工作人员还会很负责地充当宾客，在该鼓掌的时候适时鼓掌。

来到这里，要小心猴子抢眼镜、伞、相机、矿泉水、项链、遮阳帽等一切它们觉得好奇、喜欢的东西。

悠久的神庙和强盗猴

在乌鲁瓦图断崖的另一侧，是一座年代久远的海神庙，这座海神庙又称乌鲁瓦图寺，是巴厘岛的六大寺庙之一，比海平面高出近 80 米的崖顶环境使乌鲁瓦图寺壮观无比。乌鲁瓦图寺是典型的巴厘岛风格寺庙，精雕细琢，手艺十分精湛。由于宗教信仰的原因，穿着短裙短裤的游客，在上山前必须按规定穿上纱笼。相传这座寺庙是在 13 世纪由一位僧侣经过多方化缘才募得巨资并在此修建的。经过 700 多年的风吹雨打，海浪拍击，依旧岿然不动。寺庙依山而建，完全采用原色石头建筑，青墨色的石头充满了庄严感，这座寺庙借用山势，在断崖上开辟了一小块平台作为广场，

[乌鲁瓦图寺]

[乌鲁瓦图寺漂亮石头墙面]

一条石级通往正殿，拾级而上，四周一片静谧，唯有乌鲁瓦图断崖下海浪的浪声不停不休。通往乌鲁瓦图寺内院的带翼石门是公元 10 世纪的遗物，这种类型的石门在岛上并不常见。从石门进入，蜿蜒的小径直通海神庙内，游览整座寺庙大约需要 1 小时，在内部有 6 座巨大的神灵雕像，其中有一座是广受当地人信仰的梵天，沿途还有多处由栅栏围起来的区域可供游客观看。

许多游客来到乌鲁瓦图都会提心吊胆，因为在这里有一群让他们提心吊胆的猴子。这些猴子十分“凶狠”，常常会抢游客的东西，而且还让人猝不及防。据说，这里的猴子在抢到东西后会设法和当地的人交换食物，这种拥有强盗性格的猴子让许多游客哭笑不得。

如果夏天来到此地，最好穿长裤，携带驱蚊水，山上蚊虫有点多！

乌鲁瓦图的舞蹈内容大多源于印度教教义或古老的传说，并且分为很多种，如 Kecak 舞、巴龙舞、黎弓舞、迎宾舞、面具舞等，它们适用于不同的祭祀场合。

乌鲁瓦图的舞蹈者模仿猴群的“恰克 - 阿 - 恰克 - 阿 - 恰克”（chak-a-chak-achak）走进游客围成的同心圆舞台里。人们把这称为“人声甘美兰”，男子的“chak”声便是唯一的音乐伴奏。

Kecak 舞成为非常具有巴厘岛当地特色的舞蹈有两个原因。

一、它没有任何乐器伴奏，甘美兰在此刻也是不存在的，代替乐器的是男子模仿猴子的合唱节奏。

二、Kecak 舞后来衍生成唯一专为游人发明编排的舞蹈，巴厘岛本地人几乎是不看这种舞蹈的。

充满神秘色彩的舞蹈

每天下午六点，在乌鲁瓦图断崖上会进行当地的一种舞蹈表演。表演从黄昏开始，这种舞蹈是由一名当地女子与 50 名用黄布包裹胸肌的男子来表演的。表演的少女在对神明进行祷告中开始神游状态，随着现场火光逐渐暗淡，舞者围着火堆摇晃，男孩合唱团吟唱着模仿猴群的声音慢慢走向舞台，伴随着徐徐的夕阳，整场表演给人一种超脱现实的感觉。这段舞蹈根据当地史诗《罗摩衍那》改编，讲述了正直善良的王子罗摩在神猴哈努曼的帮助下战胜邪恶的魔王，最终救出了公主悉多，并和她终成眷属的故事。

独特的海滩断崖，奇妙的宗教舞蹈，调皮的灵猴，壮观的寺庙，这是乌鲁瓦图断崖，这是无数旅行者造访的理由，这是大自然的本来面目。

海水中的老人

石老人

在我国流传着许多感人肺腑的故事，孟姜女哭长城、窦娥冤、七仙女，很多美丽的故事被人们与自然景点联系在了一起。在青岛的石老人村，有一块被人们称作“石老人”的巨石，没有人知道这块巨石在这里存在了多久，但当地人都知道关于它的那段感人的传说。

[石老人]

所在地：青岛

特　点：石老人与女儿岛隔海相望，就像一对父女

…

石老人位于我国青岛市石老人国家旅游度假区，它是我国青岛十分著名的一个观光景点，在青岛，有一个叫作石老人村的村庄，这个小村子名字的由来则是因为距离村子 100 米左右的海中的一根大石柱。它是一根 17 米高的海蚀柱。海蚀柱是一种海岸侵蚀地貌，它是指海岸受海浪侵蚀、崩坍而形成的与岸分离的岩柱。这根海蚀柱就像一位年迈的老人坐在海中，它被称为南屿，人们又把它称为“石老人”。这个“老人”单手托腮，眼神凝重，像在思考着什么。没有人知道它在这里伫立了多少个日夜，每天它朝迎旭日，暮送晚霞，在潮起潮落中看着人世的变迁。这是大自然雕琢出来的艺术杰作，却也是人类想象力的结晶。

相传，“石老人”是居住在崂山脚下的一个以打鱼为生的辛勤的渔民。他妻子早逝，与女儿相依为命，在这个小村子中过着平淡却又幸福的生活。然而好景不长，一天，作恶多端的龙太子无意中看到了他的女儿，色心大发的龙太子直接把女孩抢回了龙宫，任凭老人如何央求也无济于事。于是，他只能日日夜夜在海边等待，望眼欲穿的他，不顾过膝海水，不顾海风肆虐，不顾海浪的狂吼，在这里一直盼望着，直到头发白了，背也驼了，他依然坚守着。龙王得知龙太子的恶行后大怒，但大祸酿成，龙王害怕此事被天庭发现，只得助纣为虐，竟然施展魔法，活生生地将老人变成了石头，让他无法再去告状。

[石老人观光园]

石老人观光园将大自然的美景、动人的神话传说和现代的高效农业生产有机地融合在一起，各具特色而又相得益彰。

当然，故事并没有结束。老人僵化成石后，每日思父心切的渔女终于得知了这一消息，她悲恨交加，痛不欲生，不顾一切地冲出了龙宫，奔着向已经变作石头的父亲扑去。当渔女接近崂山时，恶毒的龙王又施展魔法，把姑娘化作了另外一块巨石，定在了海上。而她头上戴着的花束被海风吹到附近的大管岛，从此岛上长满了耐冬花。天庭得知这一消息后，惩罚了为非作歹的龙王父子，但渔夫父女却也只能隔海相望，永难相聚。因此，在石老人的不远处，我们可以看到另一块石头，这块石头像一个拭泪的姑娘，人们把这块巨礁称为“女儿礁”。

但传说毕竟只是传说，传说中的女儿礁与石老人样子相差十分大。据《海岛志》记载，尽管石老人和女儿岛同是由闪长岩构成，但女儿岛上有较薄的土层，而是老人上几乎无土层，因此两者相差较大。

如今，昔日的荒滩也已变成全国知名的海上公园，这里的游客也越来越多，石老人的故事还是每次都能赚得无数游人的眼泪，这也许就是亲情的神奇之处。

女儿岛位于崂山区，自春秋战国至秦汉时期，就有方士、巫师在崂山餐霞修炼，唐、宋两代崂山道教肇兴，元、明两代达到鼎盛，至清代不衰。盛产崂山绿石，崂山以其优美的山海风光闻名于世。

开拓者的信仰

圣婴教堂

在世界版图开拓史中，开拓家们常常借由传教的名义给世界各地的人们植入了信仰，与此同时，也植入了他们的文明。在备受西方侵略的亚洲，我们常常能看到西方文明的痕迹，如位于宿务岛的圣婴教堂。

［圣婴教堂］

所在地：菲律宾
特　点：该教堂里有航海家麦哲伦从西班牙带来的圣婴

［圣婴教堂内景］

圣婴教堂位于宿务岛的海边，它是宿务岛乃至整个菲律宾最著名的旅游景点之一。这是一座年代久远的教堂，已经存在了500余年。它的出现与世界划时代的一件大事息息相关，那就是麦哲伦的环球航行。

1521年，葡萄牙著名探险家麦哲伦奉皇室之命从欧洲出发进行远航。在艰苦的条件下，他凭借极其简陋的航海仪器完成了环行世界之旅。在经过亚洲时，他发现了菲律宾中部的一个小岛，顿时，他就被那湛蓝的海水所吸引。当时的宿务岛还相对荒凉，这里没有高山和丛

[宿务战争纪念碑]

位于圣婴教堂边的宿务遗产纪念碑展示从 Rajah Humabon 时代到近期的宿务烈士 Pedro Calungsod 受福仪式这段宿务历史上意义重大、具有象征性的事件。纪念碑雕塑群是菲律宾著名艺术家 Edgardo Castrillo 的作品，1997 年 7 月开始建造，2000 年 8 月落成。

林，也没有肥沃的平原，它有的只是一大片深蓝色的海洋，这里的海水十分干净，天空透亮，让麦哲伦顿时心旷神怡，于是他把它取名为宿务岛。

在宿务岛上有一座神奇的圣婴教堂，里面恭敬地摆放着一个“圣婴”，这座高约 40 厘米的木制“幼年耶稣基督像”被尊为菲律宾最古老的圣像，至今仍旧受到市民热烈的崇拜。说到圣婴像的历史，当地一直流传着一个神秘的故事。传说，雕像是由航海家麦哲伦从西班牙带来在宿务的，在皇后接受洗礼时送给她的天主教的礼物。民间传言，这个圣婴像有一种神奇的力量，因此当地信徒都无比虔诚地排队、膜拜、抚摸、亲吻这个雕像。

[圣婴雕像]

1565 年，宿务发生战争，战火十分激烈，随后一场大火将整个宿务岛烧为灰烬，损失惨重。然而这个“圣婴像”却安然无恙，再加上它是从西方带来的，具有宗教渊源，因此，当地人从此供奉起这个圣婴像，并称之为神迹，加以膜拜。其后，当地政府在发现“圣婴像”的地点修建了“幼年耶稣基督像”，把圣婴像当成基督的小时候，并把“圣婴像”的复制品存放于天主教大教堂的女修道院内，而把真品祀奉在教堂的圣坛之上。

随着历史的流逝，圣婴的故事在当地人们的加工流传下变得越来越真实，而圣婴也被当成了当地信仰的一种符号。这座教堂十分古老，装修采用了最古典的黑色，破旧的墙壁诉说着它历经沧桑的历史，但当人们走近时，可以看见彩绘的玻璃、绚丽的壁画，这些都在彰显着这里的神圣与高贵。教堂分几个大厅，不算富丽堂皇，但从细节处仍然可以看出当时工匠的用心。这里每周日 10 点有牧师或神父开始讲《圣经》，来自各个地方的虔诚的教徒，在基督面前默读着各自的祈求，寻求心灵的安慰。

[麦哲伦十字架]

梦想中的潜水天堂

通赛湾

有的旅行者说："如果可以，我愿意在这里待上一生一世。"，当然，也有的旅行者去掉了如果，来这里后并在这里停留了下来。这并不是一个美得不可一世的地方，但当你看到晶莹闪烁的细白沙滩、舞影婆娑的热带椰林、摄人心魄的碧绿海水时，你一定会认为这就是梦想中的美丽海景。

所在地：皮皮岛

特　点：纯净湛蓝的天空，翡翠碧透的海水，美得如此摄人心魄…

[通赛湾]

从普吉岛向东南侧行驶，转过小皮皮岛，几分钟后大皮皮岛便会呈现在眼前，这里最大的也是唯一的码头通赛湾也跟随着一并出场。宽广的通赛湾是皮皮岛的"交通枢纽"，同时也是整个皮皮岛最热闹的一处海景。

这里的海滩呈月牙形，十分狭长，沙子细软；这里的天空纯净湛蓝；这里海水翡翠碧透，美得摄人心魄，到处都是浓浓的异域风情。通赛湾是泰国著名的潜水区，这里的海面像镜子一般，各种各样的蟹贝类生物以及色彩斑斓的珊瑚礁随处可见，你可以透过碧绿清澈的湖面观看海里面的各种热带鱼。

在通赛湾上，你可以看到各式各样的游艇、小船以及大游船，它们就像斑斓的蝴蝶，穿行在风景如画的海面上。是的，这就是一个船的国度，来到这里，一定要体验一把坐在游艇上欣赏两周建筑的感觉，这一定会让你产生一种海上威尼斯的即视感。岛上依山而建的房屋挨得十分紧密，码头上的商户鳞次栉比，沙滩上游人如织，十分热闹。

通赛湾就像皮皮岛的一个缩影，这一处小小的海湾汇集了皮皮岛所有的美景，喜欢热闹的人们可以在通赛湾找到需要的一切。

[《非诚勿扰Ⅱ》剧照]

中国热带风光最佳处

亚龙湾

这里是电影《非诚勿扰Ⅱ》的取景地，它有久负盛名的阳光海滩、白浪椰林，有流传了许久的爱情传说，它曾被誉为“天下第一湾”，是我国最具有知名度和世界影响力的旅游景点。这里的美俯拾皆是，哪怕是不经意地一瞥，都能看到让你赏心悦目的美丽风景，这里，就是中国热带风光最佳之处——亚龙湾。

所在地：三亚

特　点：这里不仅有蓝蓝的天空、明媚温暖的阳光、清新湿润的空气，还有连绵的青山、奇峻的岩石、原始的红树林、迷人的海湾、清澈透明的海水、洁白细腻的沙滩以及五彩缤纷的海底景观……

东方夏威夷

如果你是第一次来海岛旅游，那你一定会被这里肆无忌惮的美所征服。如果你是一个海岛控，已经去过了巴厘岛、普吉岛等驰名海外的岛屿，那这里仍然能惊艳到你，它被誉为“天下第一湾”，它就是我国最具有热带风情的风景区——亚龙湾。

亚龙湾位于我国最南端的热带滨海城市三亚，这是一个新月状的海湾，全长 7.5 千米，是我国最著名的景点之一。这里年平均气温约为 25.5℃，属于热带气候，但在海洋的作用下，亚龙湾的气候十分舒适宜人。亚龙湾拥有 7 千米长的银白色海滩，这里的砂砾洁白细软，

[亚龙湾《非诚勿扰 Ⅱ》拍摄地]

海水澄澈晶莹，与蔚蓝剔透的天空互相辉映。由于相邻的南海一直受到了我国的保护，没有被污染，因此，这里的海水洁净透明，远望呈现几种不同的蓝色，能见度高达 7 ~ 9 米，站在海岸，你可以看到浅水区各种鱼类来来往往。这里海底资源也十分丰富，海底潜藏着大量的珊瑚礁以及名贵的鱼类、贝类等。丰富多样的海洋物种，令海底观光成为当地的旅游的核心。

五大旅游要素的集合地

亚龙湾集中了现代游客最喜爱的五大要素：海洋、沙滩、阳光、绿色、新鲜空气。因此，这里十分适宜游泳、冲浪以及进行其他各类海上运动。这里的海湾面积约为 66 平方千米，可以同时容纳 10 万人嬉戏玩耍，数千只游艇游弋追逐。这里不仅拥有我国最迷人的海湾和沙滩，而且在其附近海域拥有世界上最大、最完整的软珊瑚族群以及丰富多彩的硬珊瑚、热带鱼类等海洋生物，国内鲜少有如此丰富的自然资源。

亚龙湾沙滩绵延起伏且平缓宽阔，浅海区宽广安静，美景落日，椰梦长廊。走在亚龙湾的海滩上，人们能清晰地感受到这里的美。亚龙湾沿海遍布多座高级酒店，其中还有国际五星级的假日酒店，十分方便。

徜徉在中国最南端

亚龙湾最为著名的景点包括贝壳馆、海底世界以及

[亚龙湾香蕉树]

[亚龙湾林中木屋]

[亚龙湾贝壳馆]

锦母角等。贝壳馆位于亚龙湾国家旅游度假区中心广场，占地面积3000平方米，是我国首家以贝壳为主题的综合性展馆。在展览厅里，各种类型的贝壳琳琅满目，仅是世界各地具有典型代表性的贝壳就多达300种，有象征纯洁的海鸥蛤、著名的活化石鹦鹉螺、色彩绚丽的澳洲海扇蛤等。游客在曲径幽深、典雅自然的展厅里参观，仿佛沉浸在蓝色的海洋世界里，在惊叹这些大自然塑造的奇迹时，也会真正感受到海洋的美。

除了贝壳馆，海底世界也是亚龙湾的一大特色。海底世界位于亚龙湾海滨，附近的海域拥有种类繁多的珊瑚和藻类植物，以及庞大的鱼群。在这里，你可乘坐玻璃船欣赏美丽的海底世界，还可以穿上装备潜入水中近距离和水下的鱼类贝类来次亲密接触。

除此之外，锦母角是攀岩探险的好地方。也许许多游客不知道，位居我国版图上大陆架的最南端的锦母角，才是真正意义上的“天涯海角”。锦母角的整个海角和周边的山岭浑然一体。这里除了海天一线间那座孤零零的灯塔，人迹罕至。

这里的海水清澈见底，即使是10米以下的海底景观也能看得真真切切。在8000米长的海岸线上椰影婆娑，生长着众多奇花异草和原始热带植被，这里有最迷人的自然风光，亚龙湾的自然资源国内绝无仅有，即使是在国际上，也鲜少有热带滨海旅游度假地能与其媲美，它似一颗璀璨的明珠，把我国南部装扮得风情万种、光彩照人。

[亚龙湾锦母角]

漂浮在海上的寺庙

海神庙

来到巴厘岛，如果只允许选择一个景点进行游玩，那就选海神庙吧！这里汇集了巴厘岛的所有风情——滔天的波浪、清爽的海风、唯美的落日、热情的人们，除此之外，还能看到独具一格的庙宇以及感受浓厚的宗教气息，既能满足人们的视觉需求，也能涤荡被尘世染指的心灵。

所在地：印度尼西亚巴厘岛

特　点：潮涨时，托起海神庙的整块岩石被海水包围，整座寺庙与陆地相隔绝，孤零零地伫立在海水中，就像漂浮在海上一样

海神庙位于巴厘岛中西部海岸，建立在一块经海水冲刷而形成的离岸大岩石上。海神庙距丹帕沙约20千米，是当地三大最著名的寺庙之一。海神庙始建于16世纪。据说，当时东爪哇国的最后一个祭司避居于此，因为爱上这片海岸的天然美景，便在当地的一块巨岩上盖了一座印度婆罗门庙，这就是海神庙的由来。如今，海神庙成为当地供奉海的神灵的地方。在岩石上，遍地插满了金黄色招神丝带，它们迎着海风，伴着海浪，庄严而又肃穆。蓝色的海洋、白色的浪花、黄色的飘带、绿色的草甸、红色的瓦盖以及三三两两散布在岩石上的信徒，营造了一幅具有神秘色彩的风景画。

海神庙最令人惊奇的就是潮涨潮落的那一瞬间，潮涨时，托起海神庙的整块岩石被海水包围，整座寺庙与陆地相隔绝，孤零零地伫立在海水中，就如同一座水上楼阁漂浮在海平面上，十分奇妙。尤其是狂风大作时，大量潮水从间隙中涌入海神庙所在的小岛上，海水激起千层浪，与悬崖边上的石壁拍出巨大的水花，就像奏响了一首二重唱。而到了落潮时，一切都迅速恢复宁静，好像从来没有发生过什么。肆虐的海水逐渐消停，慢慢退去，岩石又与陆地相连，而孤独倚立在水中的海神庙，在退潮时终于显露出被海水冲刷过的真身，那一刻，充满了神圣与庄严。

［海神庙正门］

在巨岩下方的岩壁上隐藏着一些有毒的海蛇，这种蛇不仅可以肆意爬行，更是受到了当地信徒的尊重。据说寺庙刚建成时忽逢巨浪，寺庙岌岌可危，于是寺内和尚解下身上的腰带抛入海中，腰带化为两条海蛇，终于镇住风浪。从此海蛇也成为寺庙的守护神。在海神庙的门口还有一眼泉水，据说这是海神庙的建造者在建造这座寺庙时感应到这个地点，凿开后果然发现这是一股清甜的泉水，这在海洋上十分奇妙。

参观圣泉寺有很多禁忌，女性生理期间不允许入内，还应注意着装的严肃性。

来海神庙看庙不是最终目的，看日落才是最美的享受。海神庙的日落被称为全世界最美的十大日落之一。每到傍晚，夕阳同寺庙交相辉映，十分壮观，海神庙之所以如此受欢迎，其实很大部分是因为这里的日落，甚至观看日落的体验远比海神庙本身更吸引游客。涨潮时分，在波涛汹涌的海浪衬托下，日落显得更加美丽。

进入海神庙的人员都会等待圣水的洗礼，洒几滴圣水，粘几粒米，寓意幸福安康，平平安安，希望美好的祝愿带给每个人。

海神庙的宗教文化，带来了诸多佛教信徒，而这里的夕阳，则带来了无数自然的信徒。在人们的传颂下，这座漂浮在海上的寺庙成了巴厘岛的一大胜景。

童话里的唯美

涉地可支

在《蓝色生死恋》里，男女主角用真挚的爱情赚取了无数观众的眼泪，他们唯美的爱情，他们坚定的信仰，他们的难舍难分一直让我们牵肠挂肚。随着《蓝色生死恋》的热播，这部电视剧的拍摄地涉地可支也成为许多恋人前往济州岛旅游的首选，也许这里的风景并不是重点，而藏在这里的无数爱情故事才是这个小海湾的吸引力。

[涉地可支的仙石]

龙王的小儿子见过一次仙女后，便恳求龙王让他与仙女结婚。龙王答应儿子在100天后与仙女结婚，然而到了第一百天的时候，突然天色昏暗，波涛汹涌，因此仙女没有下山。龙王对儿子说，你缺乏诚意，上天就不让你如意。于是极度伤心的小儿子站在涉地岬中，变成了立岩。

所在地：韩国济州岛

特　点：扶栏而立，凭栏远望，海天相接，光芒辉映，恍若时空穿越，而涉地可支海岸的风景便跟着你穿越到了从前

涉地可支位于济州岛东部海岸的一端。“涉地”是这一地区古代时的名称，“可支”是济州岛方言，意思是向外突出的地形。涉地可支所在的海岸悬崖上是一片宽阔的草地，这里一棵树也看不到，海岸上耸立着一块叫仙石的岩石。传闻中，涉地可支是古时候仙女下

凡的地方。

在《蓝色生死恋》播出后，许多风靡一时的韩剧，如《my girl》《大长今》《秘密花园》《洛城生死》《浪漫满屋》《夏日香气》《春天的华尔兹》都曾在这里进行取景，因此，这里也成为韩国电视剧里最常见的场景。因为韩剧在全世界的流行，这个在韩剧里常常上演浪漫剧情的景点也跟着火了起来，但其实这个景点在当地早已是著名的旅游景点之一了。

[灯塔]

经过教堂直至远处的灯塔，烽火台、马群、石锁依次可见，十分苍凉，却也十分美好。灯塔是涉地可支一个地标性的观赏景点，也是韩剧中常常出现的一个建筑物，灯塔上有铁台阶，可以十分轻松地攀登上去。扶栏而立，凭栏远望，整个涉地可支的风光尽收眼底。当海天相接、光芒辉映时，恍若时空穿越，而涉地可支海岸的风景也跟着你穿越到了从前。远处还能眺望海拔 182 米的日出峰。辽阔平缓的山坡上有石结构的高达 4 米烽燧台，至今保留着原貌。这里也有大片的海滩，但既不是泥滩，也不是沙滩，而是一种黑色的玄武岩，不管怎么看都有种唯美凄凉的感觉。从远处看涉地可支，海水蔚蓝，天空、风和阳光搭配得刚刚好。

在通向灯塔的路上有防风用的石墙。石墙内是油菜田。每年 4 月，你可以看到最耀眼的一片黄色。涉地可支是一个观赏油菜花的好地方，这里的油菜花显得更加自然，更具济州岛特色。其和野生草原、济州短腿马、奇岩怪石、灯塔以及蔚蓝的大海搭配在一起，更是美不胜收。

济州岛的“三多三无”：

三多：女人多、风多、石头多。

由于火山爆发的影响，济州岛的石头、洞窟特别多。而古济州人就是在这一片石头地上白手起家。

“风多”与济州地处台风带有关，说明了济州生存环境的艰苦。

“女人多”则是由于以前济州男人出海捕鱼，遇难身亡比例很高，所以从人数上女人多于男人。

三无：无小偷、无乞丐、无大门。

济州人自古就生活在这片贫瘠的土地上，艰苦的生存条件使他们养成了邻里互助的美德，因此没有人需要靠偷窃、乞讨为生，自然也就没有必要设置大门提防自己的邻居。所以，当主人外出干活时，只是在家门口处搭上一根横木，以示家中无人，除此之外，再没有其他不必要的设施。而在济州话里，这根横木被叫作“正栏”，顾名思义，不过就是一根栏杆罢了。

“三多三无”贴切地反映了济州独特的自然文化景观和济州人民朴实的民情。

[油菜花田]

观赏鼓浪屿的最美角度

日光岩

鼓浪屿是一个充满了文艺、小清新的地方，许多人旅行的第一站都会来到这里。但偌大的鼓浪屿，让许多旅行者无所适从。如果想找一个观赏鼓浪屿的最佳角度，那就去日光岩吧，把这里作为游览鼓浪屿的起点，相信一定会更加了解鼓浪屿。

所在地：厦门
特　点：由民族英雄郑成功命名，是鸟瞰鼓浪屿全景的最佳处所

从石巷上寨，这是郑成功在山上屯兵时遗留下来的寨门，我国教育家蔡元培先生曾题诗一首："叱咤天风镇海涛，指挥若定阵云高，虫沙猿鹤有时尽，正气觥觥不可淘"。右上方有"郑延平水操台故址"字样；另一石刻郑成功五绝诗一首："礼乐依冠第，文章孔孟家。南山开寿域，东海酿流霞"。这是郑成功手书行草，后人于 1918 年拓印刻上的。

[日光岩]

日光岩俗称"晃岩"，它位于鼓浪屿的龙头山山顶，包括日光岩和琴园两个部分，海拔约 93 米，这是鼓浪屿的最高峰。俗话说"不登日光岩不算到厦门"，日光岩的美，在厦门都称得上数一数二，因此，它也成为鼓浪屿甚至全厦门的标志性建筑之一。从日光岩往下看，鼓浪屿就像一艘帆船，它停泊于一片碧蓝色的海洋之上，在波光荡漾中起起伏伏；在日光岩上，拥有"一片瓦""古避暑洞""龙头山寨""鹭江龙窟"等优美景致。许多文人在这里题词甚多，为日光岩增添了更多的人文色彩。前国民革命军第十九路军军长蔡廷锴曾在这里写下著名的七绝："心存只手补天工，八闽雄兵今古同；当年古垒依然在，日光岩下忆英雄。"

日光岩名字的由来，与民族英雄郑成功有着密切的联系。日光山原名晃山，据说郑成功来到这里时，看到这里的景色赛过日本日光山，便把"晃"字拆开，变成"日光岩"。这里有两块巨石立在岩上，在岩石上，古人刻下了"天海风涛""鼓浪洞天"等石刻，把这里美丽的风光描绘得十分透彻。

日光岩就像鼓浪屿的生动写照，这里是鼓浪屿美丽的起点。

候鸟和萤火虫的天堂

亚庇湿地

这里有无数人们闻所未闻的珍贵候鸟，它们停在这片广袤的海域，闲适地度过隆冬。这里还有数不清的萤火虫照亮了整片红树林。

[河道]

[热带雨林]

红树林是热带、亚热带海湾、河口泥滩上特有的常绿灌木和小乔木群落；它生长于陆地与海洋交界带的滩涂浅滩，是陆地向海洋过渡的特殊生态系；其突出特征是根系发达、能在海水中生长。

恬淡美好的风下之乡

所在地：马来西亚沙巴岛

特　点：阳光从海面透过水道打进洞里，蓝洞内隐约投射出淡蓝色的光芒，十分迷人……

沙巴岛位于马来西亚南部、婆罗洲岛的北方，这里西邻我国南海，是马来西亚最大的一个州。由于这里远离台风带，终年没有台风、地震、海啸等灾难，因此被冠以了“风下之乡”的美誉。

大多数人去沙巴岛的时候都会去外岛，去金色海滩，鲜少在亚庇湿地停留，但他们却不知，那些越是鲜少人至的地方，越是藏着最美丽的风景，而亚庇湿地就是这样一处风景。亚庇湿地的海滩丝毫不逊于世界上其他知名海滩，这里的海水晶蓝剔透。这里的湿地被一大片红树林围绕，红树林占地约 24 公顷，对于居住在海滨城市的旅行者来说，红树林并不陌生。但对于生活在内陆城市的人来说，则很少有机会见到红树林。红树林一般在沙巴，不管是旅行社老板，还是茶餐室的小哥，都不会像别的东南亚国家的同行那般积极招揽生意，而是把更多时间都花在了喝茶闲聊上，等待一天天总也看不厌的落日。由于华人不少，街边墙上的招牌混杂着马来文、英文和中文，出租车司机大多会讲普通话，让人有某种陌生的亲切感。而沙巴人就是在这样的文化交杂中过着纯朴且自得其乐、传统又当代的“慢生活”。

不要以为红树林颜色应该是红的，其实红树林是由一群水生木本植物组成的海岸植物群落，具有特殊的生态地位和功能，是极为珍贵的湿地生态系统，对调节海洋气候和保护海岸生态环境起着重要作用，素有“护岸卫士、鸟类天堂、鱼虾粮仓”的美誉。全世界红树林树种共有 24 科 30 属 83 种。所以说红树林是一种生态系统。长鼻猴（国际濒危保护动物）就主要分布在红树林中。

[长鼻猴]

长鼻猴在马来语中被称作“orang belanda”，其重量可达 23 千克，它们只以未成熟的水果为食，因为成熟果子的糖分会在它们的胃里发酵，导致致命的胃胀。

生长在热带、亚热带低能海岸潮间带上或者陆地与海洋交界处的滩涂浅滩，它是陆地向海洋过渡的特殊生态系，同时也是至今世界上少数几个物种最多样化的生态系之一。红树林对于保护生态环境的作用十分显著，它们是防止水土流失的重要功臣。同时，它们还可以固岸护堤、净化空气。亚庇湿地的红树林则是生长在一半咸水一半淡水之中，十分神奇。

这里的红树林是鸟类重要的栖息地，红树林中生活着超过 80 种珍稀鸟类，包括至少 6 种水栖鸟类，如太平洋岩鹭和大白鹭栖居。除了水栖鸟类，树栖鸟类如翠鸟、鸽子、火鸠及椋鸟也十分常见，在 10 月份到次年 4 月份这段时间内，季候鸟如红胫草鹭、沼泽绿鹬及斑鹬也常常光临这里。除此之外还有栗树鸭、栗苇鳽、紫背苇鳽、白眉秧鸡和紫草鹭等。因此这里也成为游客中十分热门的“观鸟据点”。除此之外，长鼻猴和其他野生动物也常常出没，行走在这片红树林中，无意间就会发现几只正在偷窥人的长鼻猴，十分有趣。

白天，还可以乘船游览这片红树林的沼泽地，感受原生态的环境、热带风光，寻找马来西亚特有的物种，或是在岸边等待候鸟飞过。

夕阳点缀下的湿地风光

傍晚，太阳慢慢西沉，天边聚拢着淡红色的霞彩，像波澜壮阔的海浪一般在半空翻滚，把最普通的景物也点缀得瑰丽无比。像是上演了一出壮美的风景大片。这时，可以静静地坐着吹着海风，欣赏河滩上的日落，这里的海风干爽、清凉、柔和、且没有刺鼻的腥味，躺在海滩上欣赏着日落，触摸阵阵吹拂而过的海风，会让人感觉到一种无法言喻的快感。

[水上清真寺]

水上清真寺是马来西亚目前最大的清真寺之一，原名叫作哥达京那巴鲁市立清真寺。它是马来西亚夕阳景观最壮丽的清真寺之一。它建于里卡士湾的人造湖上，如同浮在水面之上，因而得到“水上清真寺”的美称。

在亚庇湿地，海鲜十分著名，这也源于这边海产品十分丰富。可以在著名的“海王城”享受海鲜的绝味。

醉美萤火虫

晚上的星星和萤火虫也很让人惊叹，那可能是你有生以来见过的最多的星星，也可能是你第一次见到整树的亮闪闪的萤火虫。它们像圣诞树一样闪闪发光，坐在船上，灯光熄灭，以天为幕，月亮、星星、萤火虫布满苍穹，而那一树一树的萤火虫在黑暗中闪烁，此时让人分不清哪里是星星，哪里是月亮，哪里是萤火虫，像极了凡·高的《星空》，只是这种美难以用相机记录下来，只能留存在心中。

但美丽总是短暂的，萤火虫的美，像飞蛾扑火一样美得让人心酸，它们用 50 天去蜕变成虫，拥有荧光，却只有 5 天左右的寿命去绽放光芒，它们真的可以说用尽了生命去放光。这种努力，值得我们去学习、珍惜以及善待，毕竟，每一个生命都是珍贵而又平等的，善待生命，尊重生命也等于尊重自己。

蓝天、白云、青山、绿水融为一体，对于远离海边的我们来说是多么的新鲜。这里湖水清澈透明，红树林郁郁葱葱，树下水屋，深夜萤火，一切都美得刚刚好。

[亚庇湿地萤火虫]

世界上最颓废的森林

死亡森林

在西方有一句谚语："在一千个人眼中，有一千个哈姆雷特"，其实在不同的人眼中心中，也有不同的美景，如果说海滩碧浪是一种清新美，那死亡森林一定是一种颓废美。

所在地：菲律宾长滩岛
特　点：体验原始森林的风景
…

长滩岛的本名直译应该是"波拉克岛"，"长滩"的得名源于国人熟知的绵延4千米的白沙滩。长滩岛以其雪白的沙滩、碧蓝的海水、和煦的阳光，成为著名的度假胜地，久居全球最美海岛排行榜前列。

死亡森林位于长滩岛布拉波海滩最南端，有一个古老的池塘。在池塘里，有一片死去的水下红树林，由于它是由许多死亡在水下的树木构成，因此它也被称作水中森林。这片森林十分隐蔽，没有路牌指引，只有穿过一个小村落和层层叠叠的树林才能找到它。

这片森林十分阴森诡异，处处都是雾气笼罩，水下的"树林"则散发着了腐蚀、破败的味道。在这片森林中，树木形状千奇百怪，姿态各异，有的呈现出扇形，长长的枝干伸到池塘旁的陆地上，像一只老人的手臂；有的像一只展翅的蝴蝶，主枝干潜藏在水底，侧枝干伸向两旁，十分奇特。这片森林在长滩岛存在了数百年之久，起初籍籍无名，但随着冒险家和摄影爱好者的到访，这里也逐渐热闹起来。

这一片红树林最初是为了保护当地的生态环境而栽种的，红树林是热带、亚热带海湾以及河口泥滩上特有的一种树木，它一般生长于陆地与海洋的交界处，是陆地向海洋过渡的特殊生态系，它们生长在海中，根系十分发达。随着白沙滩等新兴景区的兴起，布拉波海滩及其附近的旅游逐渐萧条，当地政府对于红树林也疏于维

护，最终大片红树林枯败倒下，“葬于”水下。无心插柳柳成荫，这片“被放弃”的树林在某一天被一些喜欢探险的人发现，于是，成为撑起整个布拉波海滩旅游的景点之一。

随着死亡森林的逐渐热门，当地政府开始重视起这片荒废的水域。为了保护环境，死亡森林的附近又种植了一大片新的红树林，整片红树林密密层层，就像进入了一片原始森林。池塘清澈见底，鱼类资源十分丰富，潜鱼、金枪鱼等在这里十分常见。为了方便游览，当地政府在这个池塘上修建了一座木栈桥，站在木栈桥上，可以清楚地看到水中的鱼和森林，这些自然与人工的美景相映成趣，十分美丽。

水中森林是一种特殊的生态系统，它是一种偶然的存在，却为水下的动植物提供了生存所必需的养料，就像“落红不是无情物”一般滋养着新的物种繁衍生息。除了菲律宾，在墨西哥湾的水下也有一片死亡森林，与菲律宾不同的是这是一片水松林，它深藏在海底，且存在了5万年之久，十分神奇。

在死亡森林，人与自然的和谐体现得淋漓尽致，它是艺术家灵感的来源，是一种特立独行的美。

[死亡森林]

长滩岛面积虽小，可是知名度却是东南亚众多的海岛中最高的一个，水中森林就位于长滩岛最有名的布拉波海滩之南，这里是滑浪风帆和摇曳伞的主要场地。

长滩岛的海水清澈而又透明，在阳光照射之下有如液体宝石。长滩岛最为难得之处，恐怕还在于它的狭长。它有如一根骨头，两头大、中间窄，最窄处只有1000米左右。也正因为如此，随着风向的不同，小岛两边经常出现截然相反的景象。

来自地狱的邀请函

龙三角

在地球上，有一片比百慕大三角更令人畏惧的海域，它被称为“龙三角”。据说，日本一架侦察机在龙三角上空执行任务时，曾发回了一封这样的电报，“天空发生了怪事……天空打开了……”，在说完这句话后，侦察机突然失联，这架侦察机上的全部人员也随之消失。

所在地：日本

特　点：自从20世纪40年代起，无数邮轮纷纷葬身于此，飓风、时钟被改变，船只莫名失踪，这片三角地带成为继百慕大三角后最诡异的海域

…

地球上有一片比百慕大三角更让人恐惧的海域——龙三角，它位于日本南部，九州和四国海域的附近，北起日本海中部，南至关岛的马里亚纳群岛，又称恶魔海和魔鬼海。自从20世纪40年代起，无数邮轮纷纷葬身于此，飓风、时钟被改变，船只莫名失踪，这片三角地带成为继百慕大三角后最诡异的海域。

龙三角第一次被大众知晓，是源于1989年《百慕大魔鬼三角》的作者伯利兹的新书《死亡之海龙三角》。在这本书中，伯利兹将龙三角与幽灵船联系了起来，他描写的幽灵船是一种漂浮在海上的无人驾驶的诡异船只，他声称这一海域存在幽灵船已经有好几个世纪了。从此，龙三角诸多神秘事件纷纷进入了公众视野。

1980年9月8日，巨轮“德拜夏尔”号装载了15万吨铁矿石经过冲绳附近，这艘巨轮已经“服役”了

[“德拜夏尔”号]

4年，没有出现过任何故障。船只在这里突然遇到了飓风，船长通过广播向岸上传递消息，称船只将在晚些时候到达港口，然而消息发出后，这艘巨轮在海面上彻底消失，没有人知道它去哪里了，也没有人知道它为什么失踪。在第二次世界大战中，美日交战的军舰在这里遭遇了同样的命运。据称，在这一带交战的潜艇中，有52艘潜艇因为非战斗因素神秘失踪，从此销声匿迹。

1957年，一架美国货机从威克岛升空，准备前往东京国际机场，随后的8小时，飞机一切正常，然而在经过这一片区域时，飞机突然失踪，从此杳无音讯。

2002年，一艘中国货船“林杰”号及船上19名船员，在日本长崎港外海突然消失。据说，消失时没有船员的呼救声，也没有残骸，这艘货船仿佛人间蒸发。

除此之外，还有许许多多关于日本龙三角的离奇失踪案件，这些案件，为这一片三角区域增加了无穷的神秘色彩。

至今为止，不管是百慕大三角的失踪事件还是龙三角的失踪事件，科学界都没有得出确切的原因。但人们却发现了一个神奇的现象，不管是百慕大三角，还是日本龙三角，它们的地理位置都位于北纬30°之上，而且这两个地点正好相对，如果用一根竹竿从百慕大三角直线穿过，到达的终点便是日本龙三角海域。除了这两个地点，金字塔、马里亚纳海沟、埃及金字塔等数十个世界奇观也都位于30°，因为，人们称这一片地方为“神秘的北纬30°”。

这个离奇的地方引来了无数人的探索，它被称为“最接近死亡的魔鬼海域”和“幽深的蓝色墓穴”，连续不断的神秘失踪事件让人们开始以不同的方式试图去揭开这片海域的谜团。

[查尔斯·伯利兹《死亡之海龙三角》中文版]

《死亡之海龙三角》书中写到至少数十艘船只没发出求救信号就消失在龙三角，其中：

1937年7月2日12点30分。传奇飞行员阿米莉娅·埃尔哈德和领航员佛瑞德·努南离开新几内亚，开始了环球飞行的最后一段旅程。她们的飞行计划是从龙三角上空飞过，飞行4000多千米后再着陆加油。然而，她们再也没有活着回来。

1949年4月19日，黑潮丸1号连同23名船员失踪。

1952年6月8日，储福丸5号金枪鱼打捞船连同29名船员消失。

1955年7月26日，美国空军F3B喷气飞机与其基地失去了无线电联系，2名机组人员失踪。

1957年3月12日，美国空军KB-50加油运输机上8名机组人员据报告失踪。

1963年6月7日，同南丸船骸被发现漂浮在海面上。

1980年9月9日，“德拜夏尔”号及全体船员失踪。

1981年4月17日，日本货船潼居丸的船员称，他们在这片海域受到了UFO的撞击。

1984年，下鱼丸科考船上的9名科学家证实，在这片神秘海域，他们被不明飞行物追踪。

1997年6月14日，加藤偶然拍摄到了快速转动的发光飞碟。

海边容纳万人的草原

万座毛

“我就是这种风度男，要了解地球上所有的女人才行”，2015年，一部《没关系，是爱情啊》又带来了一阵韩流，除了把人迷得七荤八素的男女主角，一个叫作万座毛的地方也吸引了大批的游客，影视迷们都循着主角走过的线路，去寻访爱情的痕迹。

所在地：冲绳

特　点：这里的海水像翡翠一般碧绿清澈，这里的天然草原一望无际

这里是《没关系，是爱情啊》的拍摄地，这里虽然面积不大，却是整个冲绳岛的标志性建筑，这里的海水像翡翠一般碧绿清澈，这里的天然草原一望无际。万座毛的意思是“能容纳万人坐下的草原”，“毛”在冲绳便是草原的意思。据称，万座毛名字的由来是因为琉球国王尚敬来访此地时，称赞此地为万人可坐的毛。

万座毛坐落于冲绳海岸国立公园内，并因为这里拥有许多其他地方看不到的石灰岩植物群落而被冲绳县指定为天然纪念物。正如其名，这里的天然草原的确一望无际，海水清澈见底。由隆起珊瑚礁形成的悬崖峭壁以及拍打岩石的巨浪，让大自然的雄伟气势尽收眼底。万座毛的顶上十分平整，传说古时候这片草地能坐万人，风光很美且视野很开阔。

[万座毛]

约在康熙年间，琉球王国第二尚氏王朝尚敬王沿今冲绳岛西海岸向北山巡视，途中路过国头郡恩纳村的一片崖悬，下来休憩时，被崖上这一片如平原般的绿茵惊倒，旋即召集随从万人坐于其上，容纳绰绰有余。从此，这个被国王惊叹过的地方声名鹊起，被唤作“万座毛”。

万座毛也是冲绳岛战役的终结点，很多战败的日本军民从这里跳下去自尽也不愿意接受美国人的占领。如今，一切伤痕都已经过去，这里重新变成了和平和美丽的地方。

万座毛是因为韩国电视剧而流行的旅行地，它面海而立，每年享受着无数的游客和明星来驻足，有关它的故事，在韩剧里不断地上演，不知在这里是否也能留下你的故事？

世界的尽头

天涯海角

宋代诗人赵鼎曾在这里留下“天涯海角悲凉地，记得当年全盛时”的悲叹，唐代宰相李德裕也曾感慨“一去一万里，千之千不还”，在文人墨客们的眼里，这是一块悲凉地，这里承载了太多的牢骚与不甘。如今，这里已经成为熙熙攘攘的游客的集中地，有人来这里和恋人一起许下天涯海角、矢志不渝的爱情承诺，有人把这里当作逃避都市烦扰的避风港，而这里的历史，也即将成为历史。

[天涯石]

[海角石]

天涯海角游览区，位于三亚市天涯区，这是海南的象征，是中国的南之极，是古人诗歌里充满悲伤的意向空间，也是情侣们互道衷肠的盟誓之地。这里碧水蓝天，浑然一色，浩瀚的烟波下，点点帆影来来往往，像一幅美丽的水墨画。银滩上的砂砾十分细软，踩在上面，会让人身心舒适。这里椰林婆娑，奇石林立，整个景区如诗如画，美不胜收。除此之外，这里还有海水浴场、钓鱼台及海上游艇等设施。

所在地：三亚
特　点：这里是古人诗歌里充满悲伤的意向空间，也是情侣们互道衷肠的盟誓之地
…

景区海湾沙滩上大小百块石头耸立，“天涯石”“海角石”“日月石”和“南天一柱”突兀其间。与这里的美丽景色相比，厚重的历史和充满神话色彩的传说才是天涯海角最具吸引力的地方。

天涯石又名平安石，它雄峙在我国南海之巅，在经历风雨、海浪和岁月的考验后，它依旧坚如磐石，在蓝

清雍正年间（1727年），崖州知州程哲在天涯湾的一块海滨巨石上题刻了“天涯”二字。民国抗战时期，琼崖守备司令王毅又在相邻的巨石上题写了“海角”二字。1961年，郭沫若在“天涯石”的另一侧题写了“天涯海角游览区”7个大字。

天白云之下傲然挺立。传言中它是南海上亿年前的“石祖”，被派镇守南海，祈求南海风平浪静，保佑众生四季平安。

海角石又名幸运石，传言1938年11月，指挥海南岛抗战的琼崖守备司令王毅在天涯海角的这块临崖绝壁上题写了“海角”二字，表明了自己为取得会战胜利背水一战的决心，抗战结束后，王毅终于实现了心愿，因此它又被称为幸运石。

除此之外，关于“天涯石”和“海角石”的传说还有许多，传说一对热恋的男女分别来自两个互相仇恨的家族，他们的爱情遭到各自族人的反对，最后两人相约在此跳进大海，化作两块巨石，以这种特殊的形式在了一起。后人为纪念他们的坚贞爱情，刻下“天涯”“海角”的字样。

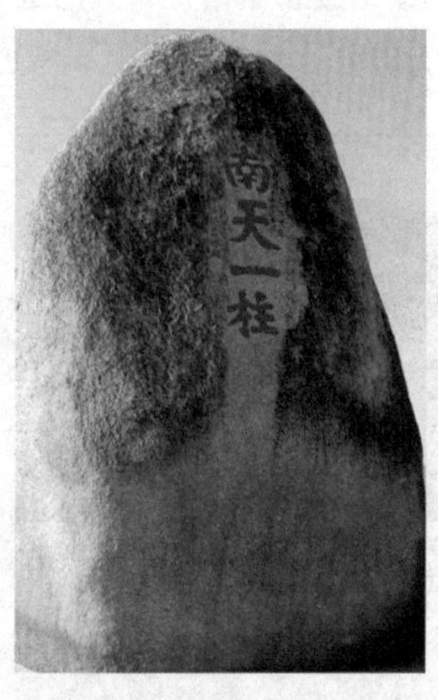

[南天一柱石]

相传很久以前，陵水黎安海域一带恶浪翻天，人民生活困苦。王母娘娘手下的两位仙女知道后偷偷下凡，立身于南海中，为当地渔家指航打鱼。王母娘娘恼怒，派雷公电母抓她们回去，二人不肯，化为双峰石，被劈为两截，一截掉在黎安附近的海中，一截飞到天涯之旁，成为今天的“南天一柱”。

除此之外，“爱情石”也是天涯海角的著名景点，它坐落在天涯海角正对面的海面上，两块巨石如日月轮换般重叠交叉，十分好看。它们和天涯海角遥遥相望，就像天涯石和海角石恋情的见证者，同时，它也见证了无数恋人海枯石烂的诺言。据传在爱情石面临许下的心愿，最终都能达成。

当然，天涯海角最为著名的还是作为古代官吏的流放场所。在古代，远离中原的海南一直被当作蛮荒之地，古代帝王将有罪的臣子流放在此，仅唐宋两代，被流放到此的就有四五十人，其中有不少著名历史人物，如唐代宰相李德裕、宋代名臣李纲、赵鼎、李光、胡铨等。到此荒山僻壤水天相连之地，无人不怀着走天涯海角，去而难归之感。胡铨曾哀叹“崎岖万里天涯路，野草荒烟正断魂。”李德裕赋诗曰：“青山似欲留人住，百迎千道绕郡城。”“一去一万里，千之千不还；崖州知何处？生渡鬼门关。”前人的坎坷经历，历代文人墨客的抒感发议，使今天的“天涯海角”更富有人文色彩了。

回到一万年以前 海底古城

在世界上的某些神秘地方隐藏着远古的人类城市与文明，如海底。这些远古建筑的遗址记载了大量人类的奥秘。这些古城到底为何会出现在海底，至今也无人知晓。也许是地震，也许是海啸，也许是其他非人为因素。目前，随着许多古城“浮出水面”，越来越多的人类密码被人们揭开。

[水下古城]

在印度，传说中的奎师那的王国——杜瓦尔卡就是被洪水淹没的，奎师那是印度教最受人崇敬的诸神之首，为纪念这位神明和他的王国，人们在印度古吉拉特半岛上，修建了散发着浓郁东方气息的杜瓦尔卡城。城中有一座气势恢宏的神庙，供奉着奎师那。

所在地：印度坎贝湾

特　点：海底变成了除外太空外的另一个未知世界，等待着人们去探索…

近年来，在许多地方都发现了海底中潜藏着的人类文明，不管是中国、印度这样的文明古国，还是美国、西欧这样文明相对较短的地区，都不断地在海底发现各类雄伟、奇绝的建筑，海底变成了除外太空外的另一个未知世界，等待着人们去探索。

在印度的坎贝湾，有一座震惊世界的黄金城，它是一处存在了 9500 年的远古水下废墟。这座水下古城后被命名为杜瓦尔卡，也有人称它为“黄金城”，它曾被当地人认为是水神的城堡。这座神秘古城具有完整的建筑结构以及大量的人体残骸，但除此之外，科学家并没有得出更多的结论。

与那国岛是地处我国台湾及日本中间的一个小岛。数百年来，它一直籍籍无名。但是 1985 年，随着“水

[水下古城遗迹]

如今，越来越多的水下古城被发现，这其中也包括我国，像浙江千岛湖湖底古城。到底是谁建造了这些城，为什么它们会在水下？……疑问太多了，或许它们真相大白那天，会有让世人惊掉下巴的答案。

下金字塔”的出现，让这座小岛扬名海外，在与那国岛 25 米深的水下，存在许多壮观的阶梯和屋顶状的建筑结构。据科学家研究，这是一座古城的废墟，这些建筑表面十分光滑，转角处的直角似乎为人为雕琢。

而在埃及北海岸尼罗河的入海口，也存在两座闻名于世的古城，它们分别是赫拉克利翁古城和东坎诺帕斯古城，它们曾经的辉煌与繁华仍然在历史典籍中被记载着。据称，大约在公元前 500 年的时候，这两座城市一直都是埃及的金融贸易中心，是希腊船舶进入埃及的重要通道。除此之外，它们也是十分重要的宗教中心，那里的神殿曾经每年吸引世界各地成千上万的信徒前来朝圣。如今，这两座古城也沉没在了海水之中。如果有机会去海底探险，你仍然可以看到这两座城市当时的繁华。

在地中海海底也潜藏着一个古老的村庄。据去过的人表示，这个村庄现在仍然保存完好。人类的骨架平静地躺在各自的坟墓里，一个神秘的怪石圈仍然被竖立在那里，这个村庄似乎定格在了被破坏的瞬间。据研究表明，这个水底村庄是亚特利特雅姆的古村落。这个水下村落被沉没了长达 9000 年时间，直到 1984 年以色列科学家才首次发现它。这个古村庄大约存在于公元前 7000 年前，面积约为 4 万平方米，是目前已知的最古老的沉没的小村。据称，在这个小村庄中，人们居住的房屋构造主要为石头房屋。在房屋中，各种简易家具及庭院壁炉仍然保存完好，除此之外，这里还有存储设施。

在海底潜藏着许多人类文明痕迹，这是一个人类还未知的世界。人们可以在这里发现史前文明，发现祖辈的踪迹，甚至可以探究人类的起源。

与印度大洪水的传说有关的除了古城杜瓦尔卡外，还有苦行僧“摩奴”。在印度教中，摩奴是“人类的始祖”。令人感到惊讶的是，摩奴跟《圣经》中的诺亚有惊人相似的经历。洪水来临时，摩奴也建造了一艘大船，把种子放在船上，然后随水漂泊，最后停留在一座山顶上。摩奴的使命就是在大洪水之后重新点燃文明的火种。

考古学家经过深入研究后惊奇地发现，这些被洪水淹没的地区，与神秘古老的印度河谷文明近在咫尺。印度河谷文明是古代世界最为神秘、影响力最大的文明之一，因第一座古城发现于印度河流域而得名。其文明涵盖整个印度河流域，包括今天的印度和巴基斯坦部分地区，哈拉帕与摩亨佐达罗是其有名的文明中心，土地涵盖面积有 2 亿多公顷。

世界上最大的石像

海上观音

在我国，观音是佛教的象征，同时也是至善的象征。如果说美国的自由女神像代表了西方世界“自由”“平等”、追求个性的价值观，那么观音则代表了东方世界“慈悲”“智慧”与“和平”的精神内核。在许多东方国家，观音像十分常见，但其中最大的则是位于我国三亚市的海上观音。

海上观音位于海南三亚市南山风景区，这是一座高度达 108 米的三面海上观音石像，它不仅被誉为世界上最高的观音石像，而且是全世界最大的石像，它比美国的自由女神像还要高 15 米。海上观音是三亚市的地标，这里香火鼎盛，是佛教徒朝圣礼拜的圣地之一。

南山的海上观音是一座十分宏伟的三面观音雕像，这座观音雕像分为手拿莲花、手拿金书和手拿佛珠三面，是一座一体化三种造型的雕像。从每一尊的正面看，都是一尊独立的观音石像，但要环绕一周才可以看清出整座石像的全貌。南山海上观音像是观音化身和观音法门的综合体现。三尊观音手中持有不同的物品，分别是佛珠、莲花和箧，每一件物品都有自己的寓意。该雕像面相庄严，脚踏一百零八瓣莲花，在莲花座下是一座金刚台，这座金刚台面积达到 15000 平方米，观音石像和两侧的主题公园一起构成了当地的“观音净苑”景区。

南山海上观音十分之大，以至于在整个南山景区，哪怕是站在观音像脚下也只能看到三面观音的其中一面，要想观看到观音像的另两面需要乘船出海或绕行才可。

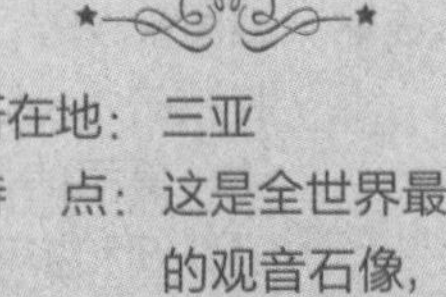

所在地：三亚

特　点：这是全世界最高的观音石像，它比美国的自由女神像还要高 15 米

…

[海上观音]

观音是最富有中国特色的菩萨，是我国众多民间传说的重要角色，民间对她的崇信度较高，并深深地根植于民间习俗中。观音所代表的那种大慈大悲、救苦救难、与人为善的信仰是中国深厚传统民俗文化的重要体现。

狂欢者的天堂

芭东海滩

有一个地方，可以让人肆无忌惮地跳舞唱歌；有一个地方，可以让人迷失在阳光海滩里。如果想寻找狂欢者的天堂，如果想寻找更多的“如果”，那你一定会喜欢芭东海滩。

所在地：泰国普吉岛

特　点：刺激的水上运动、美丽的落日景观和多彩的夜生活是芭东海滩的三大亮点

普吉岛是东南亚极具代表性的旅游度假地，这里有白皙细腻的沙滩、郁郁葱葱的椰林、极其清澈的海水，普吉岛形状就像一颗椭圆形的珍珠，因此它也被称为安达曼海的珍珠。近年来，这颗“珍珠”受到了众多游客的追捧。

在普吉岛上，最受“器重”的就是位于普吉岛西海岸的芭东海滩，它距普吉城约 12 千米。海滩呈新月形，洁白细腻的沙滩沿着海岸线绵延将近 4 千米，十分美丽。芭东海滩是泰国最为知名的海景之一，并不仅仅是因为这里的海水和沙滩，而是由于这里开发得十分完善。刺激的游乐项目、唯美的日落景观还有多彩的夜生活，使芭东海滩吸引了众多的游客。

潜水是芭东海滩的招牌。这里的海水清澈透明，海下生活着各种热带鱼、乌贼以及珊瑚礁，穿上浮潜装备潜入海中，人们就进入了多彩的海底世界。

[芭东海滩]

降落伞是当地最受欢迎的娱乐项目。由于芭东海滩面积大，海浪小，在摩托艇的牵拉下，不一会儿就乘着降落伞飞上天空，升入高空后，可以一览海滩全景。在芭东海滩上，穿着比基尼的美女来来往往，因此这里也被戏称为“比基尼共和国”。

黄昏是芭东海滩一天中最美的时刻。有人说，芭东海滩的日落已经成为普吉岛的一张名片。在芭东海滩的附近有一座卡伦观景台。卡伦观景台位于卡伦山上，这是整个普吉岛的最高点，山顶上树木茂盛，野花盛放，是观看日落的绝佳地点，也是唯一一个同时可以看到芭东海滩、大卡伦海滩、小卡伦海滩三个海滩的地点。日落十分，从上向下眺望，斜阳把空中的浮云、海上的涟漪都映成了金黄色，厚重的云朵使直愣愣的光线漫射出别样的风采。到了傍晚，金色慢慢退去，整个芭东海滩被红色笼罩，十分美丽。

2004 年印尼海啸波及普吉岛芭东海滩，使海滩周边的建筑大多被毁，损失很严重，经过这么多年的建设，这里已很难找到当年海啸留下的踪迹。

子夜时分的芭东海滩则呈现出另一幅面孔。如果说

[海滩一角]

芭东海滩的白天是人间天堂，那么晚上就算得上是天上人间。海滩、度假村、露天酒吧、舞厅、夜总会、美食……而这些地方多分布在邦古拉街。邦古拉街号称芭东最热闹的一条街，街道两边酒吧灯红酒绿，临街商铺灯火通明，十分热闹。

芭东海滩之所以拥有如此现代化的生活，离不开普吉岛曾经被侵略的历史。普吉岛曾先后沦为葡萄牙、荷兰和英国的殖民地，而作为普吉岛最著名海滩之一的芭东海滩一时间也成为西欧人的后花园。当地的文化和建筑也逐渐西化，成为名副其实的“小西欧”。

[通往芭东海滩的标志]

这种从西欧传来的狂野与奔放，如今已经深入了芭东海滩的骨髓，比基尼、酒吧等让芭东海滩成为狂欢者的天堂。

夜空中最亮的海滩

荧光海滩

你是否还记得《少年 Pi 的奇幻漂流》中那发着幽蓝荧光的海水，那种忧郁、伤感的蓝色，让许多人为之着迷。其实，这种会发荧光的深蓝色的海在世界上真实地存在着，这就是马尔代夫的荧光海滩。

所在地：马尔代夫

特　点：当把手放进水里划动，人们会发现水波里出现星星般的荧光，随着手的动作而闪烁

…

马尔代夫的海滩奇迹

马尔代夫位于南亚，是印度洋上的一个岛国，它由1200余个小珊瑚岛屿组成。作为世界最顶尖的旅游胜地之一，马尔代夫被称为“上帝抛洒人间的项链”，海滩一直是马尔代夫人最为骄傲的海景，奇特的拖尾海滩、砂砾细白的白沙滩都是马尔代夫的著名景点，除了这些之外，马尔代夫还有一片这样的沙滩：它白天看似平淡无奇，但一到晚上，它就会发出明亮的蓝光，这就是被称为“海上鬼火”的荧光海滩。

[《少年 Pi 的奇幻漂流》] 剧照

《少年Pi的奇幻漂流》是根据扬·马特尔于2001年发表的同名小说而改编的一部3D电影，讲述的是Pi遇到一次海难，家人全部丧生，与一只孟加拉虎在救生小船上漂流了227天，与老虎建立起一种奇特的关系，并最终共同战胜困境获得重生的故事。

荧光海滩位于马尔代夫的瓦度岛。这是一座位于南环礁北端的珊瑚礁岛屿，极佳的地理位置让瓦度岛拥有丰富的天然景观与平衡的海洋生态。2004 年，瓦度岛被世界著名的旅游杂志评选为最佳的潜水胜地，除此之外，这里的水上屋也十分有名。瓦度岛是水上屋概念的先驱，它第一个将水上屋引进马尔代夫。但近年来，这里让游客趋之若鹜的原因既不是其“潜水圣地”的美誉，也不是豪华美丽的水上屋，而是一到晚上就会大放异彩的荧光海滩。

由于宗教习惯，马尔代夫人不吃猪肉，不饮酒。传统上当地居民以鱼、椰子和木薯为主食，但随着经济发展，大米、面粉等进口食品已成为主食。

[星空海滩]
这些海滩“繁星”就是海中那些发光的浮游植物，包括单细胞藻类和蓝藻。在外力的作用下，它们变得活跃起来，变成“游荡的星星”。

荧光海滩又被称为星空海滩，它并不是真正的海滩，而是当地海洋与沙滩交界处的一片会发蓝光的区域。它面积不大，却十分狭长。傍晚时分，蓝色的海面上会泛起许多星星点点，因此，当地人形象地称它为“蓝眼泪”。每天都有无数的恋人来到这片海滩边守候黑夜的来临，他们坐在荧光海滩边，随着太阳落下，淡淡的蓝色逐渐浮现。到了入夜后，蓝色的光芒洒满海面，那成片的蔚蓝就像飘落在人间的点点繁星，当海风吹过海面，海水拍打着礁石，那泛起的浪花就像甩向海面的深蓝色渔网，不断地逼近金黄色的海岸，给人带来奇幻的视觉享受。这样“奇迹”般的海滩其实并没有“专宠”马尔代夫，在世界上的其他地方也曾经出现过荧光海滩。

夜空中最亮的星

除了马尔代夫外，全世界还有 6 个地方出现过荧光海滩，其中有 3 个在加勒比海的波多黎各，两个在澳大最小的鞭毛藻仅有0.05毫米，肉眼难以看到，当它们受到外界骚扰时就会像萤火虫一样释放出冷光，夜晚尤其清晰可见，这种光能的释放是鞭毛藻的自卫防御功能，当被扰动时，发出的荧光可以吓退敌人，或者吸引感官更敏锐的鱼类等更高级的捕食者赶来驱赶眼前的敌人。

荧光海湾的产生条件之浅湾：有很小的和海洋相接的入水口。这样，鞭毛藻几乎只进不出，浓度聚集到一定程度，才能肉眼可见。

荧光海湾的产生条件之海湾要有尽量少的污染，鞭毛藻对污染很敏感，保持水的清洁对它的生存极其重要，而且要看到微弱的荧光，还要求岸上的光污染也降低到最小。

荧光海湾的产生条件之四周有红树林，红树的根可以释放丰富的维生素B_{12}和各种营养元素，这些都是鞭毛藻产生光亮必备的元素，同时红树林的根部能起到对水的净化作用，对鞭毛藻来说是重要的保护神。

利亚，就连我国的大连海滨也曾短暂性地出现过荧光海滩。这些海滩或大或小，但都无一例外地在傍晚时分会发出蓝色的光芒，除了马尔代夫外最著名的荧光海滩位于波多黎各的 Vieque 岛。

虽然被称为荧光海滩，但它实际上只是一个连接着海的平静海湾。要去荧光海滩，必须从真正的海滩上乘坐皮划艇到海湾的另一头，再穿过一条黑暗狭窄的水道才能到达。当人们把手伸进水里时，手背会在荧光的照耀下像霓虹灯一般闪闪发亮，还可以把手放在水中划动，这时，忽明忽暗的荧光颗粒像从手上掉落下来一般，十分神奇。

会发光的生物

荧光海滩的美丽让许多人憧憬，但说到它的成因，一定会让更多人哗然。据称，引发海滩变成“荧光”的实则是水质问题。

科学家称，在海洋中常常出现一些会发光的藻类，如夜光藻、舌甲藻，它们被统称为甲藻类。甲藻类广泛分布在世界各地，尤其是温带沿海地区，它们是最为常见的“荧光造型师”。由于海洋的富营养化，这些藻类大批量地聚集在某一水域繁衍生息，当它周围的海水被搅动时，这些甲藻类就会由于受到刺激而发出蓝光，当大群夜光虫被惊扰时，海面上就会出现大片粼粼的蓝光，因此也有“海火”之称。

就拿马来西亚的荧光海滩来说，这片海域中的超自然现象是由夜光藻发出来的，夜光藻是一种生存在海水中的非寄生甲藻，能像萤火虫一样发光。夜光藻是一种异养有机体，它通常以浮游生物、细菌、硅藻、甲藻等为食，许多游泳者在夜光藻多的海中游泳时都会发现夜光藻发出的光芒。

除了夜光藻，甲藻中还有许多其他成员也能形成荧光现象。波多黎各的荧光就是由梨甲藻发出来的。

泰国的小桂林

攀牙湾

到了泰国，人们一般会去普吉岛、芭堤雅等著名的景点观赏海景。但如果除了浮潜、沙滩、晒太阳，还想在这里欣赏一些不一样的风景，体验不一样的感觉，那么可以来攀牙湾。

所在地：泰国普吉岛
特　点：攀牙湾处处都遍布诸多大小岛屿，怪石嶙峋，景色变化多端，堪称“海上世界奇观”

攀牙湾位于普吉岛的东北方，紧邻普吉岛泰南大陆的攀牙府，是普吉岛及周边地区风景中最具自然美的地方。由于山水秀美，景色宜人，因此这里又被称为泰国小桂林。这里虽然位于普吉岛上，但在风格上却迥然不同，它没有金黄色的沙滩，也没有怡人的海风。宁静的攀牙湾处处都遍布诸多大小岛屿，怪石嶙峋，景色变化多端，堪称“海上世界奇观”。各岛以其天然奇景而闻名遐迩，这里有鬼斧神工的悬崖陡壁，有神秘莫测的天然溶洞，还有被誉为“地球之肺”的红树林。当然，这里最出名的还是曾经拍摄《007之追杀金枪手》的“007”

[《007之追杀金枪手》海报]

[攀牙湾奇石]

攀牙湾遍布诸多大小岛屿，怪石嶙峋，堪称“海上世界奇观”。

岛。1974年好莱坞影片007系列在此地取景，此后，这里便成为普吉岛一个十分著名的景点，而在影片中出现的位于费康岛对面的占士邦岛更成为整个攀牙湾的标志。

攀牙湾山岛耸峙，海景如画，风光雄浑壮丽，酷似桂林山水。这里的水面波光粼粼，呈现出淡绿色，十分美丽动人。这里奇峰怪石星罗棋布，有的从水中耸起数百米，有的看上去像驼峰，有的像少年，还有的则像倒置栽种的芜菁。在攀牙湾上有一座塔布山，形状像铁钉一样插在海底，高30多米，由于受海水的侵蚀而上阔下窄，狼牙棒似的头大后细的山峰，傲然兀立于壮阔的海上，直指云天，气势昂扬。这里的石灰岩布满了洞穴和地下通道。有些石灰岩崖壁上覆盖着古老的笔画，上面绘有古代的人物、动物和鱼等。在溶洞和地下通道里，有从顶上“滴”下来称为“钟乳石”的石灰岩长柱。在这里，还有一种奇怪的石头叫作“大白菜石”，这是一块据说不久以后会消失的奇怪的石头。这里的石头古怪却又美丽，许多人在这里写生作画，寻找灵感。

[割喉岛]

割喉岛位于攀牙湾附近，割喉岛的名字源自在此地拍摄的电影《割喉岛》，在泰语中是“房间岛”的意思，因为岛中有一个大岩洞，状似房屋，因为发音类似中文的“gehou”，因此华人取其音，将其命名为割喉岛。优美的自然景观和丰富的水上活动设施让割喉岛成为来到泰国普吉岛旅游必去的景点之一。

2002年8月14日，攀牙湾国家公园宣布湿地区受到国际生态保育的湿地公约保护。攀牙湾国家公园是一处拥有42个小岛的浅湾，包括浅水海域和潮间带森林湿地。在这里可见到28种红树林以及各种各样的海草床及珊瑚礁。除此之外，这里的动物资源也十分丰富，共有88种鸟类、82种鱼类、18种爬虫类、3种两栖类和17种哺乳类动物，其中包括儒艮、白掌长臂猿、江豚和鬣羚等濒危动物。

在攀牙湾有一个小渔村，小渔村里有一座很小的清真寺临崖而建。再往南，则有许多在7500万年前由大量海洋贝壳挤压在一起而形成的石板，它们仿佛被巨大的擀面杖揉搓过似的，这就是所谓的贝壳墓地。

在普吉岛上，没有海滩、海风的攀牙湾显得有些格格不入，但这里的美丽风景，却让攀牙湾在普吉岛突围而出。

最有宗教色彩的礁石

圣母岩礁

在菲律宾的长滩岛有这样一块石头，上面因为供奉了一尊圣母像而被人们称为圣母岩礁。

所在地：菲律宾

特　点：圣母岩礁位于海中，可以清楚眺望整片白沙滩和清澈见底的海水

…

岩礁是海洋中的一种自然景观，它是岛屿的一种特殊形式，是指高于海面的自然形成的陆地区域。圣母岩礁是整个菲律宾长滩岛上最著名的一块岩礁，它矗立在海中，因为当地居民在上面供奉了一尊圣母像，所以取名圣母岩礁，这也表现除了当地人对天主教的信仰。没有人知道圣母像是什么时候立上去的，据说在很久以前，这里建立了一个古老的村庄。这个村庄里的人们都信奉天主教，因此特意建造了这个供奉圣母像的石台。但随着岁月变迁，当地人渐渐地迁徙去了城市，这里也就变成了一片只有圣母像的岩礁。除了观看圣母像，还可以在岩礁周边的海域进行浮潜。当潮水退去的时候，可以坐在圣母像边，感受习习海风带来的清爽。

圣母岩礁位于海中。在这里，人们可以清楚眺望整片白沙滩和清澈见底的海水。日落时分，海天一色，而圣母岩礁像一道分界线，它把热闹与安静、熙攘与独行分割开来。来到这里的人们，几乎能感受到圣母像带来的神秘与庄重。

[圣母岩礁]

原始而纯粹

卡马拉海滩

旅行本该是一件惬意的事，然而，现在却充满了浓浓的商业气息，每一个景点一到黄金周就变得熙熙攘攘。因此，寻找一个静谧却又美丽的地方成为许多背包客的梦想。其实，这样的地方并不难找，而且它们常常还隐藏在那些热门景点的周边，如卡马拉海滩。

卡马拉海滩位于芭东海滩以北 6 千米左右。即使相隔不远，但相比于芭东海滩的人来人往，卡马拉海滩则显得有些寂寥。因为海景雷同，卡马拉海滩保持了一个海滩本应有的正常状态，不过它也终得以保持着它的原始与纯粹。

[幻多奇乐园]

所在地：泰国

特　点：卡马拉海滩保持着一个海滩本应有的正常状态，不过，它也终得以保持着它的原始与纯粹

据说，卡马拉海滩最早是一个安静的小渔村，它算是在当年的开发浪潮中被淘汰下来的。毕竟，它没有便捷的交通和完备的基础设施。但正是得益于此，它与其他海滩有了不同。而这不同之处则在于卡马拉海滩仍保持着相对原始的状态，它也是普吉岛唯一一个未开发，仍然保持渔村旧貌的海滩。幻多奇乐园和原始渔村旧貌吸引了不少游客，安静无污染的自然环境让人们选择在此定居。

这里的人们十分友好，清晨傍晚，你都能看到渔民在此撒网捕鱼，当地人和旅行者在路上聊天说话，当地酒吧敞开着大门欢迎游客和岛上的住宿者。

幻多奇乐园是当地最受欢迎的旅游景点之一。这是一个类似迪士尼乐园的泰国主题乐园，每晚都会上演具有泰国特色的节目，如歌舞、魔术、杂技以及大象表演等，可以在此享受独具泰国特色的娱乐生活。

来到这里，你就能看到海滩最初的模样。这种美好和纯粹值得眷念。

最美的日出

日出海滩

日出和日落一直都是摄影爱好者用手中相机捕捉美的绝佳场景，为了能拍到最美的太阳，他们跋山涉水、不远万里去寻找最合适的拍摄地点，然后静静地等待，当太阳与海平面、地平线轻触的瞬间，只有在那时，摄影师才会心潮澎湃，用独特的视角把美丽的风光化为永恒。因此，最好的观景点的选择一直都是摄影师们孜孜不倦的追求，不知在哪一天，他们来到了这里，找到了这一片最适合拍摄日出的海滩，并把它命名为日出海滩。

所在地：泰国丽贝岛

特　点：日出或日出落之时，海面宁静而祥和的光芒映照在海边人的身上，它，美得这样安静…

日出海滩是位于泰国丽贝岛东侧的一个海滩。丽贝岛坐落于马来西亚槟城西北方的安达曼海，它位于泰国最南端，靠近马来西亚的兰卡威岛。无论从哪个方向前往丽贝岛，都需要经过漫长而又曲折的旅途。这漫长的旅途让许多旅行者望而却步，但真正美好的景色是留给有毅力的人的，当你亲眼看见阳光沙滩时，一定会告诉自己，这片美景对得起这一路的波折。

丽贝岛曾被誉为 10 个最宜居住的小岛之一。由于未经过大范围开发，这里的风光十分质朴纯粹，就像傲然于世外的一位佳人。这里的珊瑚十分出名，由于水质的原因，这里珊瑚众多、种类丰富且十分美丽。而海水则呈现出翡翠绿色，景色壮观，柔白的沙滩将小岛层层环绕，因此也被许多外来游客称为“小马尔代夫”。

丽贝岛共有 3 个沙滩，分别是日出沙滩、日落沙滩和芭堤雅沙滩。日落沙滩最为天然，但也太过偏僻；芭堤雅沙滩距离市区最近，但却十分喧嚣；日出沙滩则是整个丽贝岛最美的海滩，就像它的名字一

[日出海滩]

[海滩一角]

[像面粉一样的沙滩]

从马来西亚的兰卡威岛出发去往丽贝岛：旺季时，兰卡威岛—丽贝岛有往返的船，兰卡威岛到丽贝岛船程1小时，船费较高，手续稍复杂（不光需要办理泰国签证，还需要办理马来西亚的签证）。

样，这里的日出十分美丽。

日出海滩位于丽贝岛东侧，海滩十分狭长。白天，这里人声鼎沸，来自各个国家的游客纷纷聚集在此，等待日出日落。晚上的日出海滩则较为安静。这个海滩非常适合看日出，甚至有人说，来到丽贝岛3天只需要做3件事情，那就是看日出、看日出和看日出。我们可以从中想象这里的日出有多么的美丽。傍晚以后日出海滩会涨潮，早上会发现沙滩都快被海水淹没了，到白天后则慢慢退潮。日出沙滩的树和小点缀是最有特色的，每

[步行街牌]

[步行街指路牌]

[步行街邮箱]

一个都能独立成景。

丽贝岛生活节奏很慢，就像一首歌里唱的那样：那时候马车很慢，邮件也很慢，一辈子只够爱一个人。这里的商铺一般快到中午才陆续开张营业，老板们也大多不紧不慢地经营着自己的小生意，他们的脸上总是挂着微笑，一副十分享受生活的模样。在岛上的每一天，身边都围绕着亲切友善的人们，有时候他们那份真诚，真的能把你感动。

如果你一直在寻找看日出的最佳场所，如果你想要栖居在一个安静而又迷人的海滩，如果你喜欢摄影，如果你向往世外桃源，那就来丽贝岛吧，它一定会让你从此爱上它，或者爱上当时的自己。

丽贝岛上的饭店多在步行街上。当然，在其他小街上随便走走也能碰到小店，而且价格相对步行街要便宜不少。由于往岛上运货很麻烦，价格高也正常，最便宜的是海鲜。

从泰国合艾出发到丽贝岛：从泰国去丽贝岛最便捷最便宜的交通方式是从合艾车船联程3～4小时到达。一天好像只有两班。合艾有很多代理点可以提供往返车船联程服务。

中国第一滩

北海银滩

这是一片纯白无瑕的沙滩，每一粒沙都闪着晶莹的亮光，这里有长达 8 个月的诱人泳季。你可以在蓝天白云下沐浴阳光，或在洁白的沙滩上嬉戏玩耍，也可以在轻柔的波浪中尽情畅游，在微腥阵阵的海风中静静冥想。这里就是号称中国第一滩的北海银滩。这里的美，不输于世界上任何一个海滩。

所在地：广西
特　点：滩长平、沙细白、水温净、浪柔软、无鲨鱼
…

广西一直都是我国风景名胜的集中地，这里有风景甲天下的桂林山水，也有被称为中国第一滩的北海银滩。北海银滩被列为国家级旅游度假区，是我国 35 个“王牌景点”之一。这个海滩以银白色的沙子傲立于我国甚至世界海滩之列，是我国最具有代表性的海滩之一。北海银滩位于广西北海市银海区，西起侨港镇渔港，东至大冠沙，由西区、东区和海域沙滩区组成，东西绵延约 24 千米。据称，这里的面积超过大连、烟台、青岛、厦门和北戴河海滨浴场的总和，与面积广大相比，这里的平均坡度则十分之低，据测量仅有 0.05 米，这个坡度让每个在沙滩上沐浴日光的游客都能得到最舒适的体验。北海银滩由石英砂堆积而成，在阳光的照射下，洁白、细腻的沙滩会泛出银光，故称银滩。北海银滩以其“滩长平、沙细白、水温净、浪柔软、无鲨鱼”等特点，被誉为“中国第一滩”。

[天下第一滩——北海银滩]

北海银滩旧称“白虎头”，从地图上看，整个北海银滩就像一只张开嘴的

[北海银滩大门]

[北海银滩音乐喷泉]

海滩公园里有亚洲最大的音乐喷泉雕塑，它就是号称亚洲第一钢塑的“潮”，由北海人、中央美术学院副教授魏小明设计，整座雕塑高23米，钢球直径20米。巨大的钢球用不锈钢镂空制成，以象征一颗大明珠的球体和7位裸体少女护卫为主体，以大海、潮水为背景，使传统的人文精神与现代雕塑建筑艺术融为一体，形成完美和谐的统一体。

北海银滩一年四季均适合游览，每年4—10月是最佳的旅游时间。气候较为温和，夏长冬短，年降水量多，阳光充足，年平均温度为19度，光照充足，四季分明，冬无严寒，夏无酷暑。当然，因为是海边，要留意天气，看是否有冷空气或者台风等恶劣天气，以免影响出行。

白虎。这里的海水极度纯净，海岸线上植被丰富，环境优雅宁静，空气格外清新，可容纳国际上最大规模的沙滩运动娱乐项目和海上运动娱乐项目，是我国南方最理想的滨海浴场和海上运动场所，每年一到夏天，这里就会聚集来自各个地方的人们，他们在这里共享海风、沐浴日光。

北海银滩的中部是银滩公园，银滩公园始建于1990年，面积约为8万平方米，浴场面积16万平方米，可同时容纳1万多人游泳。北海银滩滩面宽长连绵，宽逾100米，连绵20多千米，银滩狭长而又平坦，这里的海水因涨潮慢、退潮快而得到天然的循环，碧清无比。与此同时，这里的负离子含量十分高，是内陆城市的50～100倍，空气中的负离子具有调节人的中枢神经系统的兴奋和抑制，改善人的大脑皮层的功能，对消除疲劳，促进身体新陈代谢均有良好作用。“夏威夷”的空气可以瓶装贩卖，有“东方夏威夷”之称的北海也是如此。

在这里可以乘海上降落伞翱翔蓝天，驾惊险刺激的摩托艇乘风破浪，还有悠闲轻松的沙滩运动，愉情悦性的鸟类表演，赏心悦目的异国风情歌舞，极目天涯，海天相连，渔帆点点。来到北海银滩，是一种美好的享受，人们不必跋涉千里去看远方的大海和沙滩，在遥远的南国，也能找到最美的那一抹海景。

奢华的海底盛宴

海底餐厅

随着科技的发展，人们上天揽月，下海抓鳖，一切似乎都变成了可能。当然，在海底用餐也变成了可能。

这家“特立独行”的餐厅名为伊特哈餐厅，位于印度洋水下5米处，长达9米，宽5米，可以同时容纳14人就餐。在当地语言中，伊特哈的意思为“珍珠”。的确，它就像海底的一颗珍珠，向自然界展示着人类的智慧与伟大。

所在地：马来西亚

特　点：餐厅位于印度洋水下5米处，食客欣赏海底的生物，它们也在参观着食客……

伊特哈餐厅的墙壁完全由特殊材质的玻璃制成，这让它即使处于水下也能保证顾客的安全。这家餐厅被各种颜色的珊瑚礁围绕着。在这里用餐，人们能看到各种海洋鱼在珊瑚礁间转来转去。通过弧形的屋顶，食客还可以欣赏到四周以及头顶上的海底景色。

2004年，该餐厅的所有者马尔代夫皇冠公司首次提出了建立海底餐厅的构想，并与新西兰的一家设计公司莫菲公司进行了合作。该公司最初的设想是采用直墙和玻璃窗样式，随后在莫菲公司的建议下，最终采取了丙烯有机玻璃通道的设计模式。随后，海底餐厅的蓝图初步完成。2004年，该餐厅的技术设计和制图工作正式开始。

海底餐厅的建造过程中曾遇到了许多困难。最初，莫菲公司计划将伦格里岛海滩作为海底餐厅的建造地，建成后再将餐馆通过特殊方式放置入海中，但由于重量和体积等原因，这一计划最终没能实现。经过多重努力，海底餐厅最终才得以建成。

[海底餐厅]

这家海底餐厅曾被《纽约每日新闻》报评为“全球最美丽餐厅”。餐厅负责人表示设计成水族馆风格的目的是让顾客直观地感受到印度洋的多彩、纯净和美丽，而不用打湿双脚。

水火交融的浪漫

密思彼湾

密思彼湾就如同一个多面情人，它既有沉睡的火焰，也有明艳的海水。可以进行让人心情激昂的山地活动，也可以冲浪、驾驶水上摩托、乘坐双体帆船，在蓝色波浪中穿梭追逐。不管是哪一样，都令人激情澎湃，充满着快乐的正能量。

所在地：菲律宾

特　点：一边依山傍水，一边品味美食，还可以冲浪、驾驶水上摩托、乘坐双体帆船，在蓝色波浪中穿梭追逐……

密思彼湾是菲律宾中部的一个独立海湾，坐落在马荣火山脚下，是著名的度假胜地，这里有最震撼的“一半海水，一半火焰”的美景，凭借旖旎的风光，这里被誉为菲律宾的马尔代夫，是欧美游客旅游时首选的东南亚海岛。

绝美的风光和海景，极致的放松和享受，最可口的美食，飞翔在蓝天俯览火山，潜泳于海湾触摸游鱼，一半火焰，一半海水，热情与深情的结合，水火交融的浪漫，这就是密思彼湾！在这不可错过的浪漫里，人们可以享受各种各样丰富多彩的水上运动项目，如漂浮于碧海之间，轻松自如地看透神秘的海底世界；或者悠然出游，垂丝碧海之上，钓出斑斓惊喜；还有独木舟、滑浪和帆船等，层出不穷，惊喜不断。也可以一觉睡到自

[卡格萨瓦教堂遗址]

1814年，马荣火山剧烈喷发，当时有1200人躲在卡格萨瓦教堂里，祈求神的庇佑，结果全部被活活埋葬在此，而今只剩下教堂的残垣断壁在诉说着曾经的过往。

然醒，回归慢生活状态，享受蓝天的海景。

在密思彼湾，最不能错过的马荣火山。它是一座活火山，是世界上圆锥体轮廓最完整的火山。这座奇特的火山从任何不同角度观察，均呈现几乎标准的几何对称，因此也被人们称为“世界上最完美的火山”，它的锥尖是当之无愧的世界第一。人们可以驾驶山地车向活火山挺进，体验肾上腺的迅速飙升。途中，一会儿要穿过水流，一会儿要越过石块，极度刺激。

密思彼湾除了具有“最完美的圆锥体”的马荣火山，还是一个让人惊喜不已的热带天堂。这里传奇色彩浓厚，天色蓝至妖艳，海水清澈通透，迷幻的蓝色海水在阳光下闪耀着金色的光芒。这里也有异彩纷呈的水上项目供人体验游玩，包括水上摩托、双体帆船或者冲浪等，蓝色海浪被一路破开，海风吹散刚刚落到皮肤上的太阳的热辣，让人在激情中挑战自我。这是属于密思彼湾的水上活动，不仅仅是刺激，也是让人充满活力与亢奋的独特风景。事实上，徜徉于蔚蓝的大海之上，还可以观赏到性格温顺的鲸鲨，甚至可以零距离接触这种神奇的产物。世界上只有少数地方能让普通人安全又近距离接触到的鲸鲨，最出名的地方之一就是蜜思彼湾。这种巨大的海洋生物会让人不由自主惊叹海洋生命的神秘。

“一半火焰，一半海水”，这是对密思彼湾最恰如其分的形容。在这个水火完美交融的浪漫之地，人们可以体验完美的动感越野，也可以沐浴美丽的太平洋海上，享受亲切的菲律宾风情。

[达拉加教堂]

达拉加教堂是一座巴洛克式的古老教堂。教堂保留着当年独特的建筑风格，正立面的圆柱上刻有精细的浮雕，形成了独特的美，再加上后人用白颜料粉刷了墙体，与卡格萨瓦教堂类似，在马荣火山爆发时，信徒希望得到神的庇佑而藏身于教堂中，可惜，马荣火山依然无情地夺走了他们的生命。

达拉加教堂是远眺马荣火山的绝佳位置，离市中心不远，教堂右侧有个女神像也是观看的最佳点，教堂地势比较高，可以眺望黎牙实比的城市建筑。

神秘的海洋洞穴

蓝洞

在深蓝色的海洋中孕育着许多自然奇迹，除了千奇百怪的鱼类、贝类外，海洋中时常会出现一些奇妙而又迷人的景观，如蓝洞。在这些神秘的景观中藏着许多的秘密，吸引着千千万万的科学家和探险家前去探索。

所在地：塞班岛
特　点：蓝洞内高透明的水质，让深入其中浮潜的人们领略到犹如蓝色冰晶内的化石般奇妙…

塞班岛位于菲律宾海和太平洋之间，是美国的一个附属岛屿，由于距离赤道较近，这里四季如夏，风景秀丽，是世界著名的旅游胜地。塞班岛背靠热带植被覆盖的山脉，面临迷人而又静谧的菲律宾海，是不可多得的旅游海岛，难怪有人会说“身在塞班犹如置身天堂”。在塞班岛有许多美丽的景点，如军舰岛、鸟岛，但要说到最神秘的海洋景观，就非神秘莫测的蓝洞莫属了。

世界第二大洞穴潜点

蓝洞位于塞班岛的东北角，这里是塞班最为著名的潜水胜地，复杂的地形条件和高透明度的海水让这里变得十分热门。每年来自世界各地的众多潜客们在此练习浮潜，它曾被《潜水人》杂志评为世界第二的洞穴潜点。

[蓝洞洞口水面]
东北角的地质是珊瑚礁形成的石灰岩，蓝洞最神奇之处就是石灰岩经过海水长期侵蚀、崩塌，形成一个深洞，光线从外海透过水道打进洞里，蓝洞水池内能透出淡蓝色的光泽，非常美丽。

蓝洞就是位于这片海洋中的一个因海水侵蚀作用而形成的地下洞穴。从外观上来看，蓝洞就像一只张开了嘴的海豚，像要将这片海域一口吞噬似的，十分霸气。在蓝洞的内部有一个巨大的钟乳洞，经过长年累月的侵蚀作用，洞内形成了各种各样的形状，而它的轮廓也慢慢变成了球状。洞内空间十分庞大，曾经有人说，蓝洞球状的顶壁几乎可以容纳一座大教堂。如果在清晨去潜水，还会碰上各种各样的海洋生物，如海龟、鲨鱼、魔鬼鱼、海豚、水母、海胆等，它们在这里自由自在地享受着这片纯净的海洋环境，在清澈的水中，各种颜色的海洋生物呈现五彩斑斓的视觉效果，吸引了许多潜水迷流连忘返。

在这个因海水侵蚀而形成的深洞里，当光线从海面透过水道打进洞里时，蓝洞内隐约投射出淡蓝色的光芒，十分迷人。在海潮的影响下，洞内的水时而平静无波，时而波涛起伏，是许多热爱探险的人的冒险圣地。在蓝洞内还隐藏着两个天然游泳池，这两个地下游泳池通过海底通道连接外部海洋，换上特制的服装，在蓝洞游一次泳，相信必定能让人毕生难忘。

分布广泛的蓝洞

除了塞班岛的蓝洞外，卡普里岛蓝洞、洪都拉斯蓝洞也受到了许多探险爱好者的追捧。

除了这 3 个蓝洞外，在世界上的其他一些地区，由于板块和海底运动，也有许多类似蓝洞的海底景观出现。这种蓝色的、只属于冒险者的美，总是隐藏在海面之下，它看上去貌不惊人，但其内部却别有洞天，这是海洋赋予人们的宝贵财富，是自然的结晶。

OW 是指开放水域潜水员，能下潜的深度标准是 18 米，AOW 是进阶开放水域潜水员，一般 5 个 AOW 课程里包含深潜的课程，所以能达到 30 米的标准深度。夜潜、船潜、放流等也都只有持有 AOW 证书的潜水员才可以进行，当然是 OW 只适合潜 OW 适合的水域，一般在国外潜水店会有所取舍。

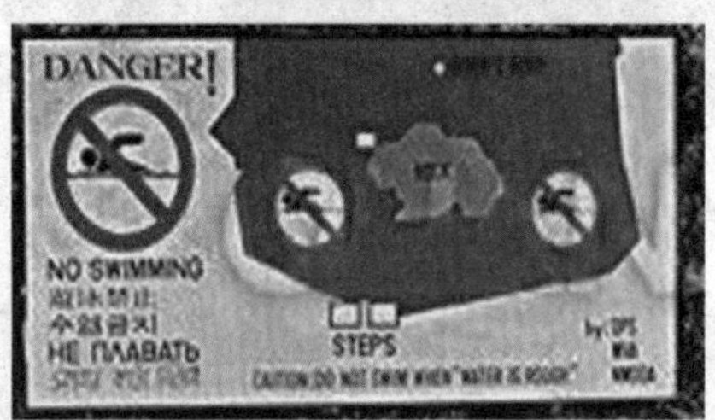

[蓝洞入口警示牌]

此处禁止游泳，非持证人员 (AOW) 不得下水！

[蓝洞入口]

蓝洞的成因

关于蓝洞的成因，在科学界有许多的说法，如今最为大众普遍接受的一种说法是蓝洞是因石灰石腐蚀、海水倒灌而形成的地下洞穴。科学家们指出巴哈马群岛属石灰质岛屿，这座岛屿约在 1.3 亿年前形成。在冰河时代，寒冽的气候将水凝固在地球的冰冠和冰川中，导致海平面大幅下降。在淡水和海水的交相侵蚀下，这一片石灰质岛屿形成了许多岩溶洞穴，这类似我国西南地区的喀斯特地貌，而蓝洞就是这样一个经历了许多年时间而形成的巨大岩洞，在重力和地震的作用下，石灰质岛屿坍塌出一个圆形开口，当冰雪消融、海平面升高后，海水就倒灌而入，形成海中嵌湖的蓝洞现象。

American Articles

2 美洲篇

世界上最性感的沙滩
粉色沙滩

这里曾被美国《新娘》《现代新娘》等杂志提名为最佳蜜月地点，也被美国《新闻周刊》评选为世界上最性感的海滩。这里就是位于巴哈马哈勃岛的粉色沙滩。

[《加勒比海盗》剧照]
《加勒比海盗》中大部分海滩都取景自巴哈马群岛。

所在地：巴哈马群岛
特　点：不可思议的粉红色，让沙滩有着像草莓沙冰般的美丽，清澈的海水十分适合潜浮 …

美国的后花园

巴哈马是位于大西洋西岸的一个岛国，它地处美国佛罗里达州的东南面，加勒比海和西印度群岛最北端，由 700 多个岛屿和 2000 多个岩礁、珊瑚礁组成，它距离美国迈阿密只有不到一小时的飞行旅程，被称作“美国的后花园”。这里是好莱坞著名演员约翰尼·德普的婚礼举办地，这里也曾见证了戴安娜王妃和查尔斯王子美好的蜜月时光，这里还是电影《加勒比海盗》的取景地。这里被称为人间伊甸园，也被称为鸟类的乐园。除此之外，它还享有很多其他美誉，如蜜月天堂、潜水胜地以及海盗故乡。

也许是上帝太过偏爱这串洒在大西洋西岸的海岛珍珠，在赋予它如此美丽迷人的风景之时，还在这里安置了一大片粉色沙滩。

粉色沙滩位于拿骚东部哈勃岛的东北海岸，这片沙滩大约有 3 千米长，100 千米宽。世界上有许多地方有白沙滩，但粉色沙滩却只有这一处，真正的粉色砂砾是这片沙滩的最大亮点，远远地看上去，这片沙滩就像一位少女的皮肤，十分性感魅惑。

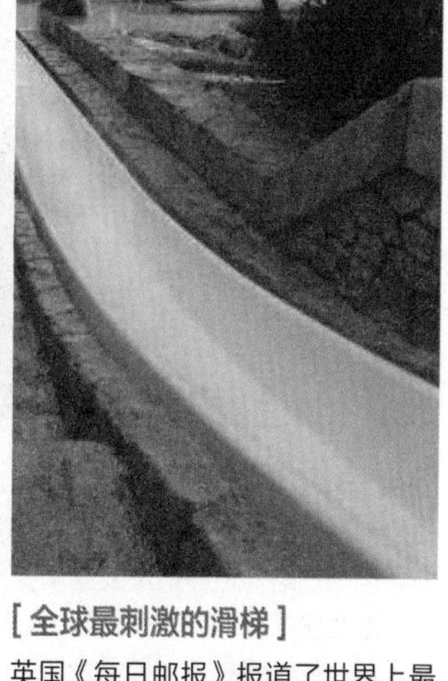

[全球最刺激的滑梯]

英国《每日邮报》报道了世界上最酷最刺激的滑水道，它位于巴哈马天堂岛的水上乐园里，人们可以体验从 30 多米高的塔台上呼啸而下、滑落到有鲨鱼群游弋的水池中的刺激和快感。

这个世界上最大的水上乐园完全按照玛雅神庙建成，游客们可以亲身感受影片《魔域奇兵》里的冒险场景。如滑水道，人们以每小时接近 60 千米的速度从玛雅神庙顶端垂直下落，进入约 20 米长的水下玻璃隧道，而隧道外游弋着许多令人心生恐惧的鲨鱼。

性感魅惑的粉色沙滩

要想去到粉色沙滩，就必须先登上哈勃岛。相对于巴哈马群岛的六大岛屿——安德罗斯岛、伊鲁萨拉岛、大巴哈马岛、海港岛、拿骚、天堂岛，哈勃岛是一个偏僻的岛屿，人们必须乘坐当地人称为“海上出租车”的船只才能到达。

哈勃岛算不上是一个合格的旅行地，因为这里十分安静，除了粉色沙滩和宽广的海域外几乎一无所有。但就是这片像草莓沙冰一样的沙滩，吸引了无数人的目光。粉色沙滩的沙质十分细腻，通体一片粉红色，甚至连附近的海水都在沙滩的映照下带上了红色。当太阳快要落山的时候，阳光投射在海滩上，这片粉色沙滩会更加明显，十分妩媚动人。这里也因此被称为世界上最性感的沙滩。

除了沙滩外，这里的海是世界上最清澈的海域之一。一大片碧蓝的海水让这里成为潜浮的胜地，每年都有许多潜水爱好者来到这里。在澄澈的海底，生活着无数色彩斑斓的热带鱼类，黄鳝、金枪鱼、石斑鱼、长带鱼、剑鱼和梭鱼等让这里成为海钓者的钟情之所。在粉色沙滩的沿岸，有一片由 25 座小别墅构成的豪华度假地，这些小别墅呈现出多个国家的风格。

巴哈马最早出现的居民为公元 6 世纪由南美洲迁入的印第安路克扬部族，又名阿拉瓦克，它是一个靠海吃海的古老民族。当哥伦布于 1492 年登陆圣萨尔瓦多岛时，当地约有 4 万原住民，并已建立了包括政治、宗教等健全体制的社会。原住民慷慨友好地接待了哥伦布一行人，却被大范围地掳去西班牙沦为奴隶，在哥伦布的矿场做苦工。由于奴隶制和疾病的传播，原住民人口锐减，25 年后基本灭绝。

自然的巧合

为什么这片沙滩会呈现出一片粉红色呢？如果抓起一把沙子认真观察，你就会发现隐藏在这片粉色沙滩下

[粉色沙滩]

一般来讲，珊瑚岛上的沙滩是白色的，但在巴哈马这种情况发生了变化，这些粉红色的“沙子”是由当地近海一种有孔虫的遗骸混合了白色的珊瑚粉末儿，当有孔虫遗骸的比例达到一定程度后，于是沙滩呈现粉色，在巴哈马也只有哈勃岛的沙滩是粉色的。

的秘密：这里的“沙子”其实是白色和粉红色两种“沙子”混杂在一起的。巴哈马群岛拥有700多个珊瑚岛，经过长年累月的风化侵蚀作用，珊瑚在岛的表面上覆盖着一层层磨碎的珊瑚粉末，而这些就是珊瑚沙和珊瑚泥。由于远离海岸，海浪难以将海底的松散泥沙及其他物质带到珊瑚岛上，而珊瑚岛自身的土壤也因为缺乏营养，难以发育。因此，珊瑚岛上的沙滩，通常也是由珊瑚本身的粉末构成的。风化了的珊瑚粉末，在海浪的冲刷下，从岛屿的边缘被冲刷到了海滩上，因此珊瑚粉末颜色接近白色。许多其他地方的沙滩也会呈现出一片“水清沙白”的景象，但在巴哈马这种情况发生了变化。

在当地有一种叫作有孔虫的生物，有孔虫是一种单细胞生物，体积非常小，肉眼难以观察到，而在哈勃岛周边的礁石上，附着许多红色或亮粉色外壳的有孔虫的遗骸，它们被大浪袭击或鱼类冲撞后，便会成团地掉下礁石，最后被冲到了沙滩上，变成了粉红色的“沙子”。粉红色的“沙子”达到一定比例，就将原有的白沙滩染成粉色了。这也许就是自然的巧合，但正是这些巧合，成就了世界上许多独一无二的美丽。

由于粉色沙滩是由有孔虫形成的，因此只有有孔虫的生存环境得到良好的保护，粉沙滩才能得到保护。当地也针对这片沙滩制定了一系列的保护政策。

这是一种有调性的美，是一种浪漫的美，当然再美的风景，也要有最爱的人相伴，带上心中的他或她一起来到这里吧。

巴哈马的历史可称为一部“海盗黄金史”，在这里出现的人物包括《加勒比海盗》原型人物黑胡子船长、牙买加高官亨利·摩根船长和女海盗安尼·伯尼，民间甚至流传着新普洛维顿斯岛上曾建立海盗共和国一说。岛上还设有“海盗博物馆”。由于巴哈马复杂的地形、靠近航道的地理位置，以及英国的疏于管理，17世纪末期至18世纪初期近50年时间里，海盗们在这里拥有绝对的权力。直至1718年，英国委任伍德斯·罗杰斯为总督，全面清剿和打击海盗活动，将其发展为英国直辖殖民地，同年输入由纽约、佛罗里达州和卡罗来纳州移民约8000人。

由于粉色沙滩是由生物形成的，所以它也是所有沙滩中最容易受到环境影响的沙滩。所幸的是，巴哈马国民经济的支柱产业就是旅游业，所以这里的生态环境一直得到很好的保护。

来自魔鬼的诅咒

百慕大三角

在广为人知的大西洋百慕大群岛区，有一个让人闻风丧胆的恐怖三角海域，它被人们称为“魔鬼三角”，这里发生了无数的海难、空难事件，震惊了全世界。

百慕大三角位于大西洋西侧百慕大群岛，主要指的百慕大群岛、美国的迈阿密和波多黎各的圣胡安三点连线形成的一个东大西洋三角地带。这里全年主要受热带气团控制，夏秋多热带飓风、龙卷风，这些飓风能把海水吸到几千米的高空，十分凶险。除此之外，这里还处于南、北美洲之间的地壳断裂带上，火山等地质活动十分强烈，海底地形复杂多样。多年来，因为这片海域频频发生海难、空难，人们赋予了这个三角地带一个十分形象的名字——死亡百慕大。

所在地：百慕大群岛

特　点：这里俗称为魔鬼三角，是世界上最为恐怖的一个地方

…

人类历史上第一个发现百慕大三角的是著名航海家哥伦布。1502 年，他的远洋船队在靠近百慕大地区时，海面上突然刮起了飓风，不见天日。据记载，当时船上所有的导航仪器全部失灵，最终因为航海技术和运气，船队幸免于难。随后，多艘船只、飞机都在这片海域神秘消失，1840 年法国船只“罗莎里”号在这片海域失联。1940 年左右，这里还发生过两次历史上神秘的飞机失踪事件。

随着这片区域不断地“吞噬”着人类，人们对其除了闻风丧胆外，也给予了它各种解释，有人说近年来船只的消失是因为雾气太大，船员看不清航向所以触礁，但科学家们对百慕大海区的海底山脉进行了探测，他们发现，这附近最高的海底山脉离海面也有五六十米，因

[《百慕大三角》剧照]
该剧讲述了亿万富翁 Eric Benirall 率领一队名不见经传的科学家，试图揭开自己的货轮在百慕大沉船之谜。

此船只触礁的可能性很小。与此同时，也有人提出了飓风说，他们称由于百慕大三角离赤道地区很近，地理探测表明，离赤道越近的地区，天气的变化就越明显，这样会导致这片海域气压相差很大，因此即使是看上去天气晴朗的区域，也很容易形成飓风。

除此之外，科学界关于这片海域还流传着一种海水漩涡说。据卫星探测发现，这片海域曾经出现过巨大的漩涡，据专家分析，这种海水漩涡就像一面巨大的凹透镜。当天气晴朗时，一旦漩涡形成，它就会像反光镜一样将光束聚焦于一点，经过这个焦点的飞机会瞬间被"烧"为灰烬，与此同时，航行于海上的轮船遇上也会随之遭殃。

坊间还一直流传着激光说、海底裂缝说等学说。当然，目前这些都只是猜想，关于这片海域的最终奥秘，至今无人真正解开。

火山女神的泪滴

绿海滩

世界上有许多颜色各异的海滩，如长滩岛的白海滩、巴哈马群岛的粉色海滩等，在美国的夏威夷岛还有一片绿海滩。

大海和陆地的交界处会形成海滩，由于地质关系，这些海滩一般都会呈黄色，但由于各种自然因素的影响，沙子也会出现其他颜色。在美国有这样一个特殊的绿海滩，当地人称为 Papakōlea 海滩，这片海滩通体呈翠绿色，看上去就像一块巨大的抹茶慕斯，十分耀眼夺目。

所在地：美国夏威夷岛
特　点：沙子通体碧绿，与众不同，坐在石崖上看夕阳斜照海滩，更是美丽动人

Papakōlea 海滩位于夏威夷南部的一个海湾内，它濒临太平洋，面积不大，但却因为这里的沙子是绿色的而在全世界走红。从上向下看，Papakōlea 就像一整块细腻通透的碧玉，又像无垠的草原，它横亘在太平洋上，十分奇妙。除了 Papakōlea 海滩，在法属圭亚那还有一个叫作 Kourou 的绿海滩，这是世界上仅有的两个绿海滩，但 Kourou 海滩的风景却与 Papakōlea 海滩

［夏威夷绿沙滩及橄榄石］

橄榄石是硅酸盐材料，属于火山渣锥的一部分物体。它们是夏威夷火山活动产生的常见晶体“副产品”，故被称为夏威夷钻石。

［夏威夷绿沙滩所在岛屿的图腾］

夏威夷最早的居民是大约 1000 年前从波利尼西亚乘船来的，他们带来了自己的宗教信仰和神灵。夏威夷和波利尼西亚的许多神都是用图腾来表示的。提金这个词指的是整个波利尼西亚的神，包括新西兰毛利人仪式上用的画、复活节岛上的恐鸟雕刻和夏威夷的现代画像等。

木刻简直是夏威夷的名片，古代夏威夷的宗教体系在 1819 年被卡米哈米哈三世废除，绝大多数寺庙和宗教形象被破坏，包括图腾在内。不过仍有一些手工制品保留到了今天，这些东西是对过去宗教信仰主宰着夏威夷人的那个时代的记忆。

相差甚远，因此也一直“养在深闺人不识”。

由于被包围在海湾内，因此，要想到达 Papakōlea 海滩不是一件容易的事。这一地带由数千里的熔岩流铺成，道路十分曲折，旅行者必须在崎岖不平的火山岩上徒步几十千米后，最后再爬上一座长达 3 千米的陡峭的海崖，才有机会一睹 Papakōlea 海滩的风采。坐在山崖上，人们不仅可以看到了令人惊讶的绿海滩，还可以在这里欣赏独属于太平洋的落日。夕阳的红和沙子的绿在这个海滩上不断地缱绻交融，十分美丽动人。

这个绿海滩的主要成分是橄榄石，在当地人的传说中，这些橄榄石是火山女神的眼泪，如果有人破坏这个绿海滩，就会遭到火山女神的报复。正是由于对神明和自然的敬畏，当地人一直都小心翼翼地守护着这个海滩。除了造物主赐予的神奇色彩，这里的景致也十分美丽，蓝色的天空，碧蓝色的大海，与绿海滩怡然成趣，像是一幅后现代主义的油画。

这个海滩的形成十分奇妙。在海滩的附近有一座叫作 Pu’u Mahana 的火山，这座火山在它的最后一次喷发中部分锥体发生坍塌，坍塌的部分在海水的侵蚀下逐渐形成了一个海湾——这就是 Papakōlea 海滩所在的海湾。火山在爆发时会发生一系列的物理及化学反应，一些深藏在地壳中的矿物分解、组合，最终形成一些神奇而又罕见的矿物，橄榄石就是其中一种。橄榄石是一种晶莹剔透的橄榄绿晶体，是一种十分著名的宝石，Pu’u Mahana 火山喷射出的玄武岩中含有大量的橄榄石成分，这些石头经过海水数万年的侵蚀与冲刷后，其中相对密度大、硬度高的橄榄石碎屑堆积在海湾中，也就形成了这个绿海滩。

绿色是大自然的颜色，它赋予世界以勃勃的生机，这个偏居一隅的海滩，也用它的绿色装点着夏威夷的风景，散发着独属于它的魅力。

去往天堂之路

天堂的跳板

探险作家戴维·勒菲弗曾经在《南方的孤独》一书中这样描写这座小岛：穿着油布衣的渔民，在退潮时拾起的贝壳，雨后的彩虹与洁净的天空，停靠在沙滩上的拖网渔船，巫师的故事，咸黄油……小说中的描写的生活，在这个位于智利的海岛真真切切地存在着，这是一个隐匿的小岛。

[奇洛埃群岛风景]

这里传承着一代又一代的居民，他们在向世界张开怀抱的同时，也保留着自己的鲜明特色，他们向世界展示着几十年前的布列塔尼的风情。在这座小岛的海边，有一块神秘的跳板，据当地人说，这是一块前往天堂的跳板。

所在地：智利
特　点：这个景观诠释了奇洛埃群岛神秘莫测的宗教文化
…

奇洛埃群岛位于智利的蒙特港，它是地球最西面的地方。这里拥有美丽的景色和神秘的传说，它是智利最大的岛屿，曾经被评为最美的海岛之一。这个海岛神秘而富有想象力，在当地一直流传着古老的女巫传说。热情好客的奇洛埃人会用这些传说中的神秘角色来刺激人们的想象力。奇洛埃群岛分为大、小奇洛埃岛，大奇洛埃岛是群岛中最大的岛屿，岛上已经建成了相对完善的观光点，村庄、教堂十分繁多。相对于大奇洛埃岛，小奇洛埃岛则荒僻得多，绵延的沙滩、雨林，呈现出一片原始的景色。

这个海岛保持着两种风貌，岛的一面朝大海，鲜少人烟；岛的另一面则朝着大陆，充满了田园风光。这里的人们都保留着自己的身份，他们大部分都是原住民与西班牙人的混血后代。1567 年西班牙人曾一度占领这里，直至 1826 年才归还智利，因此，在建筑风格上这里也保持着西班牙的风格。在当代，还有一些木质结构的教堂，这其中有十余座教堂已被列入世界遗产名录。不管是颜色各异的新哥特式

尖顶的卡斯特罗大教堂，还是当地简朴却又美丽的蓝白相间的教堂，无不体现着这里的混血文化。

在当地，有一个景观叫作天堂的跳板，这个景观诠释了这里神秘莫测的宗教文化。在当地人传下来的神话中，有这样一个故事：在大地的尽头，一个摆渡船夫每天都在这里等待着那些想要进入天堂的灵魂，然而许多人都找不到船夫，为了帮助死者找到船夫，一位艺术家在这里建造了一条木头栈道，

南美洲有个古老的传说：奇洛埃岛一直被一艘古老神秘的巨船保护着，每当有人想靠近奇洛埃岛的时候，巨船便会施展魔力，海面上就会产生浓雾，让人因看不清方向而无法前进，而当海面风平浪静的时候，人们可以隐约听到远方的船上似乎传来人的欢笑歌唱舞蹈的喧闹声音……这座未经开发、隐匿的小岛对于所有人来说都是一个充满幻想、想要靠近的地方，岛上热情开放的奇洛埃原住民们有时会用神秘的女巫传说、恐怖的幽灵船等故事作为茶余饭后的谈资，而正是由于这些故事的存在，奇洛埃岛就像以童话故事著称的北欧一样，成为一个南美洲的“童话之岛”。

[奇洛埃的教堂]

奇洛埃的教堂是拉丁美洲独特的木结构宗教建筑中的典范，是欧洲文化和当地土著文化成功交融的典范。

奇洛埃岛上有许多海滨村庄、建在水上的木头房子“Palafitos”和木质教堂群。

岛上有十多座美丽又特别的木质教堂，如今已和我国的长城一样，被列入世界文化遗产。

这条栈道直通船夫所在地，这在当地被称作“天堂的跳板”。

每个初到“天堂的跳板”的旅行者都会情不自禁地被这里的美丽所吸引。绿色的大地，蓝色的海洋，美丽的白色沙滩都集中在这个南美洲的小岛上。这里的天空蓝得透明，纯净的空气能让你感受到无比的畅快。当强烈的阳光照射在这里洁白的沙滩上，当湿润的海风摇动起岸边的椰树，你一定会感到无比畅快。

除了“天堂的跳板”外，这里还流传着许多与宗教相关的故事。这里的宗教也体现着混血色彩，天主教与当地巫术进行了完美的融合，小妖、巫师、幽灵和美人鱼，这些看似荒诞的事物诠释了这座小岛的多样文化。

这是一个神秘、美丽而原始的海岛。而那块“天堂的跳板”，等着你去探秘。

[奇洛埃岛的船]

当地的渔民们喜欢把自己家的渔船涂上各种颜色，有的涂成渔民家里的孩子喜欢的颜色。这里的生活节奏很慢，渔民们高兴的时候便出海打鱼，不高兴便可以懒散在家休息上一星期，感觉这里的人们没有什么生活压力，所以在街上和海边游荡的人也相对多一些。

查尔斯．达尔文于 1834 年到访过奇洛埃岛，他描述这个岛是一个有各种不同绿色调的大森林，这里的冬季很可怕，夏季稍微好一点。他提到当地人有足够的食物可吃，但是很穷，因为他们没有挣钱的手段。

第一个发现并抵达奇洛埃岛的非原住民是一位叫作阿隆索 · 德 · 卡马尔哥的西班牙航海家，他于 1540 年启程前往如今的秘鲁进行探险，在航行途中无意间发现了奇洛埃岛的海滩，短暂逗留后他便继续启程前往秘鲁，并没有对这座岛屿进行深一步的探索。

在 13 年后的 1553 年，西班牙殖民大将军 —— 著名的“征服者”佩德罗 · 德 · 瓦尔迪维亚派遣一名叫弗朗西斯科 · 乌略亚的船长启程探索智利南部区域，这位船长不负众望，最终发现奇洛埃岛并在东北端成功登岛。

岛上的人们都非常迷信，除了医生和警察，人们相信巫术能够帮助他们治愈疾病和解决纷争。离岛上的大城市越远，人们就越迷信。当地人在生活上采取以物易物的方式，每户人专注一类商品的生产，用产物与别人交换，就算是超市也可以以借贷的方式来运行，然而这样的经济模式成为奇洛埃岛的旅游业发展和资金周转的一大难题。

美国最美海滩

南滩

风光旖旎的加勒比海，大腹便便的超级富豪，性感妖娆的比基尼女郎，这大多是大多数影视作品中表现出的“迈阿密风格”，要想真正了解迈阿密，南滩绝对是不二选择。

所在地：美国迈阿密
特　点：这里的夜生活丰富多彩，故被称为派对海滩，不仅如此，迈阿密海滩艺术节也让这里独具文化气质……

迈阿密位于美国南部的佛罗里达州，因为纬度较低，气候温暖，它成为美国人退休后最爱居住的城市之一，并被戏称为“上帝等候室”。与此同时，迈阿密也是狂欢者的天堂，这里是美国的卡萨布兰卡，它不仅是一个港口，也是繁荣的代名词。这种繁荣，在当地最大的海滩——南滩上体现得淋漓尽致。

南滩是迈阿密最大的一个海滩，又被称为迈阿密海滩，它地处比斯坎湾和大西洋之间。这里海浪小，沙滩平缓，沙子白而细腻，整个海滩绵延数千米，像一条长长的白色玉带镶嵌在海边，一眼望不到尽头。这里是北美洲最著名的海水浴场之一，它曾被许多旅游杂志排入

[南滩求生亭]

在一望无际的沙滩上，求生亭也成了风景，在南滩经常可以见到它的身影。

世界前10的海滩之列。这里的白沙滩连绵数十千米，可以容纳数千人同时享受日光。清澈透明的海水，让人们在沙滩上就能看到海底的海藻随着浪花舞动。蓝天、海洋、白沙以及海上戏水的海鸥，共同构成了一幅十分美妙的立体图画。

在迈阿密，南滩又被称为派对海滩，因为这里除了有美丽迷人的海滩景色，还有不同风格的酒吧、夜店以及俱乐部。在海滩周边有150多家俱乐部，它们大部分营业到凌晨5点才关门。白天，穿着比基尼的女郎在沙滩上休闲玩耍，那张扬到极致的性感，毫不收敛。到了晚上，沙滩上的人群又转移到了酒吧、夜店，和夜生活有关的一切，这里一样也不缺，而不经意间处处流露出的风情万种，让人情难自禁。

相比于其他的海滩，南滩最独特的地方在于它所承载的文化气质。这是一个文化的大熔炉，来自各个地方的人们凭借他们的手艺在沙滩上招揽生意，吸引了无数游人的目光。除此之外，每年12月，这里还会举行大型的艺术节——迈阿密海滩艺术节，这是一个汇集了手工艺作品和文艺汇演于一体的综合性艺术节，在美国乃至全世界都享有很高的声誉。在过去10年中，平均每年都有约7万人参加了这个艺术节。每年都有将近150名美国艺术家带着他们的绘画、雕塑、陶器、珠宝、摄影作品等来到这个海滩参展，当地政府还专门组织了评委会对作品进行评选。其中获奖的作品还会进行巡回展览，而作者也将得到荣誉证书和奖励。这个艺术节一般是在晚上开启，持续时间长达一周。艺术节开始前，这里将会举行独具特色的歌舞表演，性感热情的拉丁舞曲、生动有趣的舞台剧，都让这个海滩熠熠生辉。

这里也是美国最为“土豪”的一个海滩，作为全美国天气最好的地区，这里吸引了无数的政界名流、亿万富豪以及电影明星定居，海滩边豪华的私人府邸也成为南滩的一片风景。

[《神探飞机头》剧照]

[《迈阿密风云》剧照]

[诸多电影在南滩取景]

《迈阿密行动》《速度与激情2》《神探飞机头》《迈阿密风云》等电影中都能看到南滩的影子。

每年的10月到次年5月期间是佛罗里达海湾收获的季节，渔民争相捕捉石蟹送到餐厅。鲜美多汁的石蟹爪肉可与龙虾相媲美。这种铁锈色的甲壳小家伙能在12～18个月内重新长出新爪，而且更加健壮。

古巴最像天堂的地方

巴拉德罗海滩

这不是一个繁荣的国家，这个国家也许只有这一处美景，却吸引了无数游客来此，他们在这里感受大海的美，把时间、身体和梦想，全部交给了蔚蓝的天空和清澈的大海。

所在地：古巴

特　点：这里有一种被包容的美，是一种被让渡的美

…

奔向天堂的道路

巴拉德罗海滩位于古巴首都哈瓦那以东，它所在的伊卡克斯半岛像一个狭长的鱼钩。它是世界上最负盛名的度假胜地之一。和煦的阳光、深绿的海洋、旖旎的风景、含碘的空气，这简直就是“人间伊甸园”。这里秀美别致的海景不仅在拉丁美洲力拔头筹，在全世界也是别具一格。从古巴首都哈瓦那沿着巴拉德罗奔跑，每一分钟你都能看到碧蓝的海水，有人说，这就像一条奔向天堂的道路。的确，这样的美景会让人感觉置身于天堂。

巴拉德罗海滩以它自然无雕琢的风景著称。据统计，约有 1/3 的外国游客都愿意将在古巴的假期全部花在巴

[巴拉德罗海滩]

[巴拉德罗海滩]

巴拉德罗海滩的颜色非常美，从天蓝，到海蓝，再到深蓝，配合岸边的白沙，是海岛控必玩之处。

拉德罗海滩上。蓝天白云，海水沙滩，还有那攥在手心里也会从手指间溜走的细沙和带着咸味的微风，就算是什么也不做，只是消磨时间也是个不错的主意。海滩上的游人们有的躺着，有的坐着，在阳光和海风轻拂中度过漫长而又短暂的一天。巴拉德罗是古巴开发得最完善的度假胜地，这里还有古巴唯一一个高级高尔夫球场。

这里的海水全年适合游泳，即便是不会游泳的人也能享受大海的宽容，因为即便走出很远的距离，海水也只会漫到腰部。在海里，可以看到无数的热带鱼虾自由自在地游动，这里的海会颠覆人们的认知。因为这里的海水充满了层次感，在这样的海水面前，不管多华丽的形容词都是苍白无力的。

[巴拉德罗海滩一角]

当地人的禁区

作为古巴最著名的旅游度假区，曾有人称："不到巴拉德罗就不知道古巴的秀美"。这里的美，确实充满了美洲风情。但这种美，却又十分封闭，仅供游客享受。当身处这迷人的半岛中，暂时忘却尘世的喧嚣声，当你日日夜夜与沙滩美景相伴，你会发现这里的一点儿不对劲。

是的，在这个海滩，永远看不到当地人，在人们身边的都是背着包前来旅行的游客。而这里似乎是古巴特意为了外来旅游者开辟的一个"特区"，当地的人只能

[堂吉诃德雕像]

巴拉德罗水塔边树立着堂吉诃德雕像，《堂吉诃德》是西班牙作家塞万提斯于 1605 年和 1615 年分两部分出版的反骑士小说。故事发生时，骑士早已绝迹一个多世纪，但主角阿隆索 · 吉哈诺（堂吉诃德原名）却因为沉迷于骑士小说，时常幻想自己是个中世纪骑士，进而自封为“堂吉诃德 · 德 · 拉曼恰”（德 · 拉曼恰地区的守护者），拉着邻居桑丘 · 潘沙做自己的仆人，“行侠仗义”、游走天下，作出了种种与时代相悖、令人匪夷所思的行径，结果四处碰壁，但他最终从梦幻中苏醒过来，回到家乡后死去。文学评论家称《堂吉诃德》是西方文学史上的第一部现代小说，也是世界文学的瑰宝之一。而这座雕像像他做游侠疲惫后欣然回家的样子，非常值得观赏。

生活在距离数十千米外的区域，这片美景对于他们只是奢望。

巴拉德罗海滩开发得很早，在 20 世纪 30 年代，美国著名的杜邦家族就以十分低廉的价格向当地政府买下了这片土地。他们在这里兴建高尔夫球场、游轮码头和高档酒店，引进西方的现代设备。在短时间内，来自世界各地的富商都集中与此，在这里建造豪宅，巴拉德罗在实际上也成了美国的后花园。古巴革命后，巴拉德罗被收归国有，不对外开放旅游。与此同时，那些豪宅被彻底改造成了博物馆和酒店。

被让渡的美

20 世纪 70 年代末，古巴对外开放了旅游，而作为古巴建设最完整的巴拉罗德，也就成为第一批被推出的城市。尽管如此，古巴政府为了让当地人们“免受帝国主义毒害”，在景区和当地人的小镇间开辟了一条防线，不允许当地人进入古巴的旅游区。因此，也有人说巴拉德罗是全古巴最不像古巴的地方，却又是古巴最像天堂的地方。

除了长达 20 千米的白沙滩、淡蓝的海水和五彩斑斓的水下世界外，巴拉德罗海滩边也是畅饮、玩耍的绝佳地点。夜晚可以去喝一杯鸡尾酒，跳一曲萨尔萨，沉寂在这返璞归真的浪漫情调中。

在这里，你可以享受自然，可以和朋友在聊天喝酒，也可以自由自在地做梦、畅想，这里的美，是一种被包容的美，是一种被让渡的美，是古巴这个贫困世界里的一抹阳光。

“海王星”号遗址潜点推介：这个潜点有两个响当当的名字，沉没之船和“海王星”号，主要看点是一艘 1940 年代沉没的 40 米长的船。船体是一些海鳗（主要是些绿海鳗）的家，另外还有一些紫颌裸胸鳝。

富人们的后花园

棕榈海滩

在世界上有一些海滩属于公共海滩，在这些地区，没有穷人与富人之分，每个人都平等地拥有着这里的阳光。但也有一些地区有严格的界限，位于美国佛罗里达州东部的棕榈海滩专属于富人，人们也把它取名为富人海滩，也有人称它为黄金海岸。

棕榈滩位于美国佛罗里达州迈阿密北部60多千米处，这里东邻大西洋，由于受到暖流的影响，终年气候温和，草木繁茂，在绵延约76千米的金色海滩上生长着数不清的棕榈树，它们也是这片海滩的标志性植物，因此，人们把它取名为棕榈海滩。这里有美丽的热带风光和多元的文化环境，细软如锦的沙滩、温暖舒适的海风，一排排排列整齐的棕榈树，在微风中翩翩起舞。美丽的棕榈树与温暖宜人的气候、沁人心脾的海景吸引了越来越多的游客来这里游玩度假。

除了自然美景外，这里的房屋也是沙滩上最精彩的景色之一。一栋栋紧挨着的别墅霸占了海滩最精华的部分。据称居住在这里的人手握了全美国近三分之一的财富。当然，除了美国本土的富豪外，许多来自全世界的富豪也在这里购房，把棕榈海滩当作自家的后花园。这里的大街小巷各种名车十分拥挤，它们的主人既有政客，也有企业家，还有各个行业的名人大腕。

[棕榈海滩]

所在地：美国佛罗里达州

特　点：棕榈海滩是美国顶级富人区的代名词，之所以被他们所青睐，缘于此地无与伦比的美丽与舒适

棕榈滩古而有之，但被人发现并利用还是源于一场意外的搁浅。1878年，一艘满载着可可豆的货船在棕榈海滩近岸内航道触礁。一个世纪以后，世界上最富有的一群人来到了棕榈滩，并留下来把它变成一个美丽而优雅的沙漠绿洲。肯尼迪、洛克菲勒，还有很多的社会名流的宅第都坐落在这个岛上，棕榈滩曾一度成为美国贵族阶层冬季的休闲胜地。

来这里"坦诚相见"

尼格瑞尔海滩

在各地的海滩上，"裸"还是"不裸"一直都是游客们讨论的一个话题，有人主张坦诚相见也有人羞于袒露，但在尼格瑞尔海滩，"春光乍泄"成为这里的潮流。

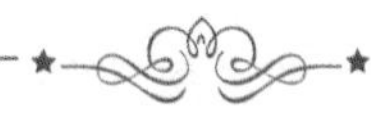

[尼格瑞尔海中小酒吧]

酒吧距海岸约2千米，一间小茅屋"耸立"在湛蓝的海水上。能在这里喝上一杯啤酒和享用新鲜海鲜真是人间一大美事。

所在地：牙买加岛

特　点：日光浴在这里是一项十分流行的运动，除此之外，这里还拥有世界上最壮观的日出…

牙买加岛是西印度群岛第三大岛，这里到处长满了丰美的水草，流淌着淙淙的泉水。甚至在当地人的语言中，"牙买加"的意思就是"泉水之岛"。牙买加的旅游面积为7000多平方千米，占其国土总面积的5/6，其中海滩更是数不胜数。在这个不大的海岛，拥有350多个海滩，其中最美丽的当属尼格瑞尔海滩。

尼格瑞尔海滩不仅是牙买加最美的海滩，也是全世界最著名的十大海滩之一。这个海滩拥有长达1220千米的白色海岸线，它面临美丽的加勒比海。这里的沙子通体白色，颗粒均匀，是世间少有的纯正的白沙滩。热带雨林气候让这里终年温暖多雨，在雨水的浇灌下，四周生长着许多高大的椰树和小型蕨类植物，而处于这种气候带下的尼格瑞尔海滩四季如春，即使是在每年10月的飓风期，这里的天气仍然不会受到太大的影响。到加勒比海看落日和裸晒是来到尼格瑞尔海滩的人必做的两件"大事"。

天体海滩又称裸体沙滩，它是指人们可以合法、自由地裸体的沙滩。按照准入门槛的不同，天体海滩分为不同的级别，最低级的“clothing optional”海滩对是否穿衣没有硬性规定；其次的“topless”则是指的“无上装”，来到这里的人们一般都选择穿下身而不穿上身，其中最为开放的就是“nude beach”，这是真正意义上的天体海滩，它虽然没有明文规定必须一丝不挂，但穿衣进入 nude beach 会被视为另类。尼格瑞尔海滩就是世界著名的天体海滩之一。

从 2014 年 5 月底，牙买加宣布单方面对中国游客实行免签，中国公民凭有效护照、返程机票或船票、入住酒店信息以及足够的旅费入境牙买加，且停留时间不超过 30 天的，可不必申办签证，但如想在牙买加境内居留、工作、学习、经商等，则依然需要提前申请办理签证。

[尼格瑞尔海滩]

在宽阔的尼格瑞尔海滩上，90% 的人都选择“一丝不挂”地享受日光，这些大都是正宗的“天体客”。在旅游旺季的时候人们会切身感受到什么叫作“美腿如林”。当脱光衣物躺在沙滩上时，不仅能嗅到沙子的味道，还能让身上的每一寸肌肤都感受到阳光带来的灼热感。除了裸晒之外，在沙滩上还有许多游戏项目，如沙滩车、滑沙、沙滩排球等。

来到尼格瑞尔海滩，就不得不说一下鼎鼎大名的雷鬼音乐，它是早期牙买加的流行音乐之一，它不仅融合了美国节奏蓝调的抒情曲风，同时还加入了拉丁音乐的热情。另外，雷鬼音乐十分强调 vocal 的部分，不论是独唱或合唱，通常它是运用吟唱的方式来表现，并且借由吉他、打击乐器、电子琴或其他乐器带出主要的旋律和节奏。

如果说白天的尼格瑞尔海滩是性感而又奔放的，那到了傍晚，这里会呈现完全不一样的情调。日落时分，随着太阳的徐徐落下，蔚蓝的天空开始转变为黄色，最后变成一片绯红，这就是号称全球最美的加勒比海日落，这样美丽的落日一般只有夏天才会拥有，因此夏天才是这里真正的旅游旺季。

因为牙买加的经济相对落后，因此入夜后尼格瑞尔海滩相对较为冷清，这里没有鳞次栉比的商铺，也没有热闹非凡的购物中心，这里不适合购物、不适合狂欢，看完日落后，你可以选择在海岸线旁的咖啡馆喝上一两杯，在咖啡里品味入夜后的尼格瑞尔海滩。

白天裸晒，傍晚看日落，这就是尼格瑞尔海滩的格调。

世界上最深的海沟

马里亚纳海沟

迄今为止，人类探访过最高的山峰、最深的湖泊，甚至将触角伸向了遥远的外太空，但这并不代表人类已经熟知了整个地球。在这个地球上，还有许多地方等待着人们去探索、开拓，如世界上最深的地方——马里亚纳海沟。

所在地：北太平洋
特　点：这里是地球的伤疤，它深达11929米

马里亚纳海沟位于北太平洋西部马里亚纳群岛以东，在亚洲大陆和澳大利亚之间，它北起硫黄列岛、西南至雅浦岛附近。在它的北部有阿留申、千岛、日本等小型海沟，南部则有新不列颠和新赫布里底等海沟，它紧靠世界著名海岛——塞班岛。因此去塞班岛旅行的游客一般都会去马里亚纳海沟一览其风采。马里亚纳海沟是太平洋底部的弧形洼地，这里平均宽度约为69千米，主海沟底部有许多悬崖峭壁，十分陡峭。马里亚纳海沟是目前已知的探测到的地球上最深的地方，被称为地球最低点。1957年苏联调查船测出它深达10990米，不久后又有科学家证实它深达11929米，至于它到底有多深，目前科学界还没有确切的数据。1960年1月，有科学家乘坐深海潜水器前往马里亚纳海沟进行探测，首次成功潜至马里亚纳海沟底进行科学研究。

据科学家估计，马里亚纳海沟从出现至今约有6000万年，它是由于地球上两个最大的板块——亚欧板块和太平洋板块在长期的不断挤压、碰撞中形成的，太平洋板块俯冲插入亚欧板块之下，随后不断下沉，在发生碰撞的地方形成海沟，在靠近大陆一侧则隆起形成海岸山脉。马里亚纳海沟就是这样形成的。

有人曾这样形容马里亚纳海沟的深度：如果把世界最高的珠穆朗玛峰扔入海中，海水仍将没过珠穆朗玛峰的顶峰。因此，在马里亚纳海沟面前，世界最高峰也是小巫见大巫，而且相比于珠穆朗玛峰，马里亚纳海沟显得更加神秘、险峻。有不少曾成功征服珠穆朗玛峰的探险家在面对马里亚纳海沟时却束手无策。马里亚纳海沟是一个高压、低温、冰冷的世界，这里的平均温度仅有 2℃。据科学研究显示，在海沟底部有近似 1100 帕大气压的压力，对于目前的科学技术是一个巨大的挑战。但令人惊奇的是，在这样低温高压的海底，竟然存在大量的生物。据报道，有潜水员曾在千米深的海水中见到过虾、乌贼、抹香鲸等大小型的海洋动物，在 2000 ~ 3000 米处则生活着成群的大嘴琵琶鱼，而在这之下，也许还生活着许多未知的新物种，这些都是值得我们去探究的。

海洋中每增加 10 米水深，水压大概增加 1 个大气压。在水压高达 1100 大气压时，可以把钢制的坦克压扁。那么，马里亚纳海沟中的那些动物为何不会被压扁呢？这是因为它们的身体结构已经发生了很大变化，它们的骨骼变得非常薄，而且可以弯曲；它们的肌肉组织变得特别柔韧，纤维组织变得出奇的细密。这些动物的表皮很薄，很容易保持体内外压力的平衡，自然就不会被压扁。

［马里亚纳海沟发现的新物种］

马里亚纳海沟里这种以木头为食的虾状生物大约有 5 厘米长，比它们在海岸边生存的近亲要大两倍。

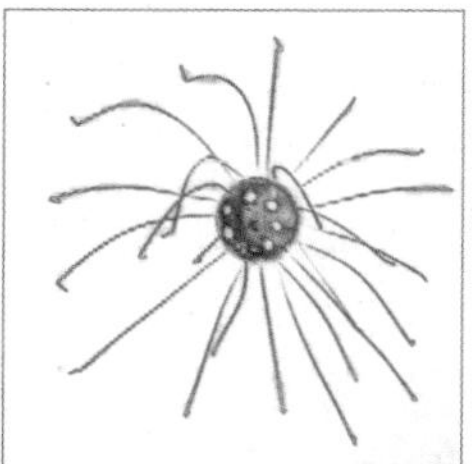

［水母新物种］

这种类似水母的物种长着两种类型的触须，外形十分奇特，身体呈球状结构。

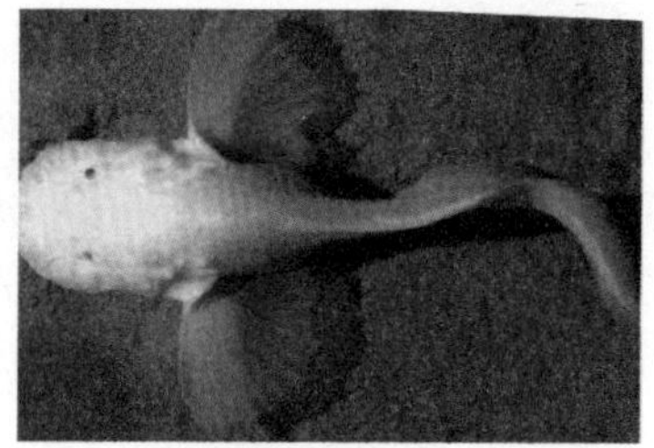

［狮子鱼新物种］

这种鱼浑身呈白色，头大、眼睛小、没有鱼鳞，通常较人类的手掌稍长。

其实，看似风平浪静的海底却藏着许多的血腥与杀戮。传闻中长达 10 米的大王乌贼就藏在这片终年不见天日的海底。除此之外，这里还有大王乌贼的天敌抹香鲸，这两个物种霸占着整个马里亚纳海沟。

去马里亚纳海沟旅行是一次十分刺激的体验，这里彰显着大自然的伟大和人类的渺小。

探测深海比攀登高峰和深入太空还难。目前，早已有不少登山家成功地征服了世界上最高的珠穆朗玛峰，也有数十名航天员抵达太空。然而，迄今成功抵达万米深海的只有 3 人。

[哈莫亚海滩]

半月形的海滩被灰色的沙子、地面珊瑚和火山熔岩所覆盖，形成了海明威笔下最美的海滩。

海明威笔下的最美海滩

哈莫亚海滩

每当人们心中燃起出去走走的冲动时，海边无疑是最合适的选择。温暖的阳光、白色的沙滩、和煦的海风，海滩具备假期的一切必备元素，赶紧收拾行囊、背上背包，去寻找最美的海滩吧。

所在地：美国夏威夷岛

特　点：哈莫亚海滩掩藏在棕榈树、椰树的绿茵和热带海岛奇异花朵的芬芳中，它是整个茂宜岛最美的海滩

1959 年，在著名作家海明威发表的小说《夏威夷》中，他为茂宜岛的哈莫亚海滩冠上了“太平洋最美丽海滩”的美名。这个美丽的海滩位于茂宜岛的东部，它是通往哈纳高速公路沿途最美的景点之一。

人们来哈莫亚海滩后，一定会从心底认同海明威给予这个海滩的封号。哈莫亚海滩是一个新月形的海滩，它紧临近 10 米高的悬崖峭壁，掩藏在棕榈树、椰树的绿茵和各种奇异花朵的芬芳中，需要十分细心才能发现它。这里的植物十分茂盛，海岸悬崖十分陡峭，是个原生态保存较好的海滩。这个海滩其实位于珊瑚礁和火山岩沙混合形成的沉积的火山口上，尽管十分偏远，但其无与伦比的风景还是给予了旅行者前来造访的理由。在火山地形和宜人海风的衬托下，哈莫亚海滩吸引了无数的游客。而风平浪静的时候，这里也是游泳、浮潜的绝佳地点。

来这里的路上，需要通过一条叫作哈纳的崎岖不平的小径。这条道路具有极大的风险性，穿过危险小路到达海滩的一路行程一定会让你毕生难忘，相信你在通过小径到达哈莫亚海滩时，你一定会明白海明威为什么将这里称为世界上最美的海滩。

世界上最“平等”的海滩

科巴卡巴纳海滩

在科巴卡巴纳海滩，常常会听到一首叫作《依帕内玛女孩》的歌曲：“高挑、古铜色皮肤，年轻可爱，从依帕内玛来的女孩走过……当她经过，每个人都不禁惊叹。”这首充满着民族风味的歌曲，生动形象地表达出了巴西女孩的热情爽朗，这里的海滩美景，也和这里的女孩一样奔放、热情。

[基督山的耶稣雕像]

基督山是巴西里约热内卢的一座花岗岩山峰，高 710 米，位于市中心西部的蒂茹卡森林公园。因山上矗立着一座巨型的耶稣像而成为里约热内卢和巴西的象征。

像油画一般的海景

科巴卡巴纳海滩是南美洲最有名的海滩之一。这里的海岸线十分漫长，海水碧蓝，浪花雪白。这里的沙滩洁净柔软，阳光温暖和煦。在这里，人们可以看到白色的浪锋和蓝色的浪谷此消彼长，一次次向海岸线涌来，时而汹涌，时而温柔，在阳光下此起彼伏，如同一幅艳丽无比的油画。走在海滩上，眼前是湛蓝的海水和碧透的蓝天，脚下踩着金色细软的砂砾，耳畔吹过习习海风，闻着海风中夹带的阵阵海腥味，让人感觉置身于一个海洋世界。

在科巴卡巴纳海滩上，你既可以看到腰缠万贯的富翁，也可以看到从贫民窟中走出来的肤色黝黑、脸上带着纯真笑容的穷苦孩子。在这里，没有贫富、种族、性别之分，你会看到他们齐肩躺在白色的沙滩上，分享着阳光、海浪和沙滩。这种无性别、无种族之分的和谐场景，在里约热内卢十分常见。

所在地：里约热内卢

特　点：这里的美显得平易近人

[科巴卡巴纳沙滩]

乞丐与富翁的故事

在里约热内卢一直流传着这样一个深富哲理的故事。这是一段富人与穷人的对话，一个富人问躺在科巴卡巴纳海滩上晒太阳的流浪者："天气这么好，你为什么不出海打鱼？"

流浪汉反问他："为什么要打鱼呢？"

富人不假思索地回答："打了鱼才能挣钱呀。"

流浪汉又问："挣钱又是要干吗呢？"

富人有些不屑地说："挣来钱你才可以买更多的东西。"

流浪汉懒懒地伸了个腰："买来东西以后干吗呢？"

富人说："等你应有尽有时，就可以舒舒服服地躺在这里晒太阳啦！"

流浪汉听了，笑了笑，对富人说："我现在不是已经舒舒服服地躺在这里晒太阳了吗？"

这是一个充满哲理的故事，但却形象地体现了里约热内卢人对生活的乐观态度，他们不为金钱所累，满足于当下，这种态度在科巴卡巴纳海滩上被折射了出来。

里约热内卢有1000多万人口，不同肤色、种族的人每天都在为鸡毛蒜皮的小事大动干戈，却从不发生宗教或种族纷争。在这里，极端贫穷和过度奢华和谐地存在着，贫民窟堂而皇之地盘踞在本该是富人聚集的半山腰上，身无分文的流浪汉与腰缠万贯的富翁并排躺在科巴卡巴纳海滩上分享海浪、阳光和沙滩。

[科巴卡巴纳贫民区]

即使你走遍了世界上所有的海滩，你也找不到一个像科巴卡巴纳海滩一样的地方，这里的风景全部是公共的，是大家共同享有的。在里约热内卢的法律中规定，无论男女、贫富、种族，在大自然无私的赠予面前，人人平等。因此，这里除了黑人和白人外，你还能看到各种肤色的人们悠闲地躺在沙滩上，他们是海滩上最普遍的风景，在阳光下热力四射，散发着耀眼的光芒。

[伊莎贝尔公主]

城中长森林，海滩长楼群

里约热内卢人喜欢这样评价自己的城市：“城中长森林，海滩长楼群。”里约热内卢人喜欢在科巴卡巴纳海滩漫步休闲，走在金黄色的海滩上，你可以看到巨浪卷起的洁白浪花与时尚的比基尼女郎，性感而又美丽。科巴卡巴纳海滩的人行道黑白相间，黑白小石子拼成了各式波浪形的图案，高大挺拔的棕榈树整齐地排列在人行道旁，伴着习习海风婆娑起舞，这种黑与白的反差也体现了里约热内卢人的性格：直接、爽快、奔放。这里“黑与白”就像市民们的生活一般，在这里，贫困和富裕同时存在，同享一片海滩；在这里，贫民窟与富人区没有任何间隔；在这里，尽头还在示威的人们，明天就可能跳起了热情奔放的桑巴舞曲。

[天梯教堂]

天梯教堂的风格迥异于同时期欧洲的古老典雅教堂。其主体建筑的顶端呈圆锥形，造型时尚，给人金字塔般印象。该教堂高 80 米，底座直径为 106 米，可容纳 2 万人。

海滩早已经成为里约热内卢人生活的一部分，并且已经融入了他们的骨髓。他们的热情、他们的奔放，他们对生活的慷慨，都与这片海滩紧密相关。他们已经习惯在海滩上阅读、散步、运动、小憩、思考、谈天说地。走在海滩上，人们也会受到这种热情的感染。

有人说，里约热内卢人的一生都与海密不可分。童年时，他们在那里戏水、游乐；成年后，在海滩上展示自己的性感与热情；老了还可以在这里晒太阳养老。里约热内卢人的态度就是这样：悠闲，懒散，自得其乐。

垃圾场的逆袭

玻璃海滩

在美国加州布拉格堡有这样一片垃圾场，它在机缘巧合之下，打了一场漂亮的翻身仗，成为一个度假胜地。

所在地：美国加州布拉格堡

特　点：这里是由垃圾场改造而成，有无数的透明玻璃

…

玻璃海滩位于美国加州的布拉格堡，这个海滩十分与众不同：它并不是单纯由沙子构成的，在沙子中，人们能看到许多大大小小、五颜六色的透明玻璃。这些玻璃和沙滩上的石子、砂砾一起构成了一道迷人的风景线，每年吸引了无数的游客前往。

这些玻璃是怎么来的呢？人们也许很难相信，这个美丽的玻璃海滩在之前竟然是一个堆积如山的垃圾场。1950—1967 年，这个原本属于一家木材公司的海滩在公司搬走后被当地居民用作一个生活垃圾场。为了保护当地的生态环境，当地市政当局作出决定，将这个海滩上所有的垃圾运到内陆的指定地点。于是，这个海滩才得以告别“肮脏”的过去。在大部分的垃圾被运出沙滩后，还有许多玻璃制品被“留”了下来，在海水的侵蚀下，这些玻璃变成了看似天然的小圆石和沙子，大自然代替人类完成了最终的清理工作。

目前，“玻璃海滩”已经成为当地沙滩公园的一个组成部分，出于对沙滩的保护，当地政府规定，游客不允许带走这些曾经被视为废物的玻璃。

最典型的夏威夷海滩

威基基海滩

这是一个典型的夏威夷海滩，斜阳落日，水清沙白，椰林摇曳，这些夏威夷海滩的标配元素在这里应有尽有，但面对一个如此美丽的海滩，如果有人告诉你它是“人造”的，你更多的是惊讶还是失落呢?

夏威夷是美国唯一的群岛州，由132个岛屿组成。它是太平洋的“十字路口”，沟通了亚洲、美洲和大洋洲，它还拥有世界上最大的活火山及美丽的自然风光。马克·吐温曾在他的一部作品中写道：“世界上没有任何一个地方像夏威夷那样使我迷恋，终生难忘。二十年来，或梦或醒，夏威夷总让我魂牵梦绕。”在夏威夷，最让人魂牵梦绕的就是海滩了。而在所有海滩中，最具有“夏威夷风味”的就是位于火奴鲁鲁的威基基海滩。

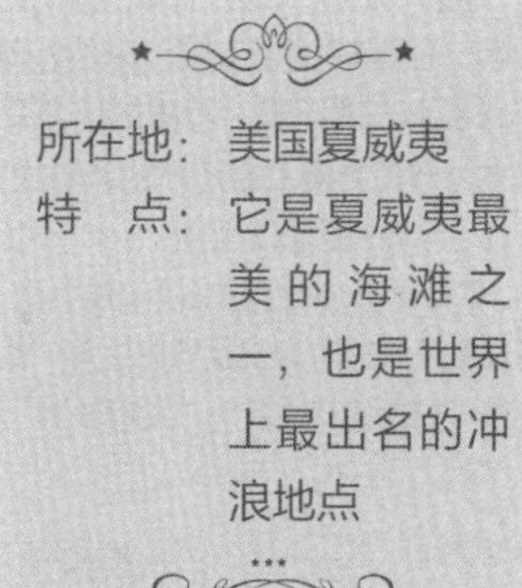

所在地：美国夏威夷

特　点：它是夏威夷最美的海滩之一，也是世界上最出名的冲浪地点

[威基基海滩]

威基基在夏威夷语中的意思是“喷涌之泉”，在英国探险家库克船长于1778年发现夏威夷之前，威基基不仅是夏威夷王族的御用嬉水领地，也是夏威夷人从事农作物生产的中心。当时的威基基是一片湿地，盛产水稻和芋头，也为海滨居民供应食用的贝、虾等有壳海鲜。

火奴鲁鲁位于夏威夷岛的东南岸，是夏威夷的政治、经济、文化中心。威基基海滩是当地最大的海滩，也是当地最美的公共海滩。它东起钻石山下的卡皮欧尼拉公园，西至阿拉威游艇码头。它的面积不大，整个海滩全长不过1000米，但它的自然及人文景观都称得上是夏威夷之最。

[威基基海滩]

威基基海滩的日游客量达到了2.5万人，拥挤的海滩上遍布五颜六色的遮阳伞，不同肤色的人躺在白色的沙滩上尽享阳光的照耀，养眼的比基尼美女自然是海滩上最抢眼的风景线，不过可不要只顾看美景哦，一个不留神，就会不小心踩到了别人。没办法，威基基海滩的游客就是如此之多，难怪有人打趣地戏称其为“人肉沙滩”。

威基基海滩最为精华的部分是从当地丽晶饭店到亚斯顿威基基海滨饭店之间的一段，这段有三四百米长，它面朝碧波荡漾的大洋，背对宇厦林立的酒店群，洁白的沙滩、摇曳的椰树更是为这里增添了许多热带风韵。但这个海滩并不是自然生成的，而是一个人造海滩。因为白沙不够，当地最大的酒店花费了高昂的成本从别的海滩运来白沙在此地进行人工铺设，所以这些沙子可以称得上“一粒千金”。

在夏威夷，海滩都是公共资源，这里没有一家酒店将海滩作为私有。当地政府同样规定威基基海滩不属于任何个人，即使威基基海滩是由当地的酒店出资铺设，但酒店却不具备威基基海滩的所有权。不管是富人还是穷人，他们都有权利享受这个海滩，这也让这个贵族云集的区域沾上了许多的“烟火气”。

在威基基海滩上娱乐项目众多：海边跳草裙舞、海滩边看夕阳、听当地民乐、海钓、去泡吧，这些活动无不体现着夏威夷的热辣和多情。但是在这里最为著名的项目非冲浪莫属了。

威基基海滩是世界上最出名的冲浪地点。这里的冲浪运动已经有600多年的历史。威基基海滩因珊瑚礁激起的浪花而闻名，这里的海浪能激起8米多高的浪花，被称为冲浪者的天堂。尽管波浪如此之高，但人们还是可以在这里放心地冲浪、游泳甚至玩耍，因为这里每时每刻都有人驻守海滩。

夕阳西下之时，人们可以静静地躺在海滩上看太平洋的日落，看海浪被染成了金色，看冲浪的人们归来。

20世纪20年代，为了修建阿拉怀运河，威基基的积水被排干，沼泽变为干地。20世纪60年代，威基基得到了美国中产阶级的青睐，纷纷投资发展这块宝地，大规模地进行旅游开发和兴建酒店，得到了迅速发展的威基基，如今已经成为闻名全球的旅游度假胜地。

威基基海滩的尽头是一座10万年前爆发过的死火山。据说当年的库克船长望见闪闪发光的火山结晶，误以为有钻石，故称之为钻石山。钻石山232米的高度使它成为俯瞰欧胡岛的最佳地点，威基基海滩的湛蓝海景也一览无遗，可以从另一个角度见识到威基基海滩之美。

在贝壳里感受海洋

贝壳沙滩

小的时候，我们总认为贝壳和海螺是大海的“手信”。于是，我们喜欢把海螺放在耳边，聆听大海的声音，我们喜欢把贝壳放在手心，感受海的气息。如果有一片这样的沙滩，它满地尽是贝壳，不知你是否会重拾少年时的心情。

贝壳是海滩不可缺少的元素。在海边，拾贝壳也是重要的娱乐活动之一。有一个地方，要想找到心仪的贝壳是非常容易的事情，因为满眼望去全是贝壳。而且这些贝壳不仅有“宽度”，还有“深度”，这便是贝壳海滩。

贝壳海滩位于加勒比海度假胜地圣巴特斯岛，它是世界十处最迷人的海滩之一，也是全球著名的名人度假胜地。这里是一个幸运又神奇的地方，每年都有无数的海洋生物、强大的海浪以及飓风在这里汇聚。而每一次巨浪，都会为这里带来大量精致而奇特的贝壳，经过数千年的变迁后，无数的贝壳集结在这里，于是成为人们口中名副其实的“贝壳海滩”。

这里的贝壳数目众多。当地人称这里的贝壳共有12米深，有人曾徒手挖了5米深都没有挖到沙子，可见这一带贝壳之多及掩藏之深。除了多，这里的贝壳还十分小巧，尽管贝壳质地十分坚硬，可这里绝大多数区域踩上去却十分地舒适柔软，即使脱下鞋袜，赤脚走在上面，也不会感到丝毫的痛感，这是因为小而多的贝壳将力的作用进行了分散，因此，也就不存在硌脚的状况了。这里的贝壳种类也很丰富，色彩鲜艳，十分养眼。

所在地：加勒比海圣巴特斯岛

特　点：海滩上，到处都是微型的贝壳和海螺，这些贝壳数以万计、深达数米…

[贝壳海滩]

贝壳堆积如山，这里的贝壳被澳洲人认为是可再生资源，用来铺路、喂鸡、盖房子，蔓延整整110千米。

除了有迷人的风景，不得不说的还有圣巴特斯岛的特殊旅馆，在这个浪漫的热带隐居地，旅人们可以居住在小别墅里。屋外被粉刷上不同明亮颜色的图案……黄色、蓝色、紫色和绿色。每一栋别墅都配备有崭新而简单的木质家具，还有私人露台和花园。个个旅馆都有丰富的水上运动，从帆板运动到飞机滑翔，同时还有潜水课程，客人们可以探索周围多彩的水下世界。

世界上除该贝壳海滩外，在澳大利亚甚至我国都有规模不等的贝壳海滩，尽管这些区域的贝壳海滩看上去如此相似，但它们仍然存在不同。圣巴特斯岛贝壳海滩的成因是强大的水流将海底的细小贝壳冲到和岸边，并

[贝壳海滩]

和海岸的沙子混合在了一起，最终形成了贝壳海滩的雏形，总的来说是风力带动的海水运动导致的。这里处处都是贝壳，人们可以沿着海岸漫步，享受满眼都是贝壳的乐趣，或是干脆赤脚与贝壳们来个亲密接触，这便是来这个美丽的沙滩的意义。

世界最高潮汐的缤纷生态

芬迪湾

加拿大的芬迪湾拥有 280 千米长的海岸线、300 年悠久的阿卡迪亚海堤步道，以及被誉为全球海洋奇观之一的 21 米高的潮汐。

所在地：加拿大

特　点：漫长的海岸线及高达 21 米的潮汐

缤纷的海洋生态

芬迪湾位于加拿大东南部大西洋沿岸，原本是陆地峡谷，冰河时期结束后才逐渐形成海湾。现今，冰雪风雨仍持续侵蚀芬迪湾的岩石，强劲的潮汐日夜冲刷着底下的岩层，让芬迪湾的各处展现出多种多样的地貌。最典型的是在湾口的大马兰岛可以找到海蚀崖和火山地形；圣马丁斯有海蚀洞；好望角石林则是砂岩峭壁与岩石群；黄金岬是火山峭壁。

[邮票上的石柱美景]

除丰富多样的地貌，芬迪湾的海洋生态系统也相当丰富，湛蓝的芬迪湾海水是多种迁徙物种及珍稀濒危物种的栖息地，也是世界上最重要的动植物化石发现地之一。大自然在加拿大东海岸的芬迪湾创造了伟大的“奇观”，人们可以观测到十几种鲸、海豚和鸟，像海鹦、信天翁和苍鹭等。

芬迪湾是鲸的天堂，座头鲸、小须鲸、引航鲸和稀有的露脊鲸从加勒比海陆续洄游到此，另外还有海豚、海豹和鼠海豚等与它们一同在海水中嬉戏玩耍。芬迪湾因独特的生态系统而被联合国教科文组织列为世界遗产和生物圈保护区。

[芬迪湾国家公园入口]

公园入口处有英文和法文两种“欢迎”的文字。芬迪湾国家公园在加拿大是一个面积不算大的国家公园，可是它由于奇特性，成为加拿大甚至世界上知名度很高的景点之一。

在芬迪湾，乘坐海底皮划艇漂流，探索好望角石林，领略沿岸由潮汐冲击形成的礁岩石林独特地貌。这里是世界上独一无二的森林与海洋交汇的地方，左边是波涛汹涌的大西洋，右边是高耸参天的原始森林，整个芬迪海湾的壮美令人叹为观止。

缤纷的潮汐生态

芬迪湾以其迅速涨落的潮汐闻名于世，高达 21 米的世界第一潮汐差令人惊叹。大西洋沿岸的砂岩土在芬迪湾潮水千万年的不断冲刷下，在漫长的海岸线上形成了各种各样奇形怪状的石头。有的似花瓶，有的又如各种动物，游客们可以漫步在退潮时的沙滩上，围绕着举世闻名的“花盆石”走一圈，并且可以目睹在涨潮之时“花盆石”从有逐渐消失到无的美妙。在这个世界海潮潮差最大的海湾，潮起潮落间，展现出截然不同的地貌风情，令人感叹大自然的神奇。

[好望角石林]

Hopewell Rocks 有个意译的中文名字，叫作好望角石，听起来很不错，不过却丢了英文中的复数词尾，称为好望角石林，或许更加贴切些。好望石林指的是这一带海滨山崖旁形状各异的礁石总称，包括最有特色的花瓶岩，以及附近的两处景点：大海湾和钻石岩。

芬迪湾每天潮起潮落两次，退潮后海滩上会留下大量海螺、海贝。芬迪湾形状狭长，湾口大，湾顶小，像个长长的喇叭形，便于潮波能量的汇聚，每次涨潮之时，超过全世界所有淡水河水量总和的海水冲进芬迪湾，涌入佩提科迪亚克河，将河水推高，逆向倒流，这也是来到芬迪湾不容错过的奇景之一。在奇内克托湾的好望角石林也随着潮涨潮落而出现或消失，特别是潮涨之时，这些奇特的岩石被淹没，只留下红色岩石兀立在湛蓝海洋中。

事实上，在芬迪湾除了欣赏雄伟的岩石之外，漫步海滩也会让人有惊喜的收获。玛莉岬离好望角石林不远，是由淤泥和砂土的组成的泥滩。退潮时温暖的阳光照射在绵延数平方千米的泥滩上，甲壳动物和软体动物遍布整个泥滩，夏季很多迁徙的滨鸟会来此大快朵颐，人们便来此处观鸟。夏日是候鸟的季节，白嘴潜鸟、金翅雀、游隼等来此享受阳光海滩与美食。泥炭沼也是芬迪湾的一大有名景观，由于长期积水，枯叶和木头无法完全分解，于是形成了厚厚的酸性泥炭层，只有少数植物能在其中生存，如美丽的茅膏菜，它的叶表密布腺毛，分泌出的黏液宛若露珠般晶莹剔透，美丽但十分危险，小昆虫一旦被黏住，就会变成它的餐点。

早在1604年，奉命到芬迪湾背后圣约翰探险的法国探险家萨缪尔·德·尚普兰抵达了圣约翰河口，那天刚好是天主教的圣约翰日，尚普兰就把这条河命名为圣约翰河，并在河口建立了最初的定居点，重要的地理位置使这里很快就成为北美东部的军事要塞，被命名为圣约翰堡。

[芬迪湾国家公园入口]

芬迪湾拥有3亿年的历史，是世界上最早出现爬行动物及本国最早的恐龙聚居地，并是亿万年前的侏罗纪灭绝事件的岛屿之一。芬迪湾潮差如此大的原因有两个：一是由于这是一个狭长的海湾，强劲的波浪一路传到漏斗形的海湾内部，加上海水产生的共振效应，潮水被推向最高点。二是每次涨潮时，都有多达1000亿吨海水冲进芬迪湾，这已经超过了全世界所有的淡水量的总和。一路往前冲的潮水甚至涌入了佩提科迪亚克河将海水推高，逆向倒流，这是来到芬迪湾决不能错过的奇景。

芬迪湾的潮汐扰动着碧蓝的海水，带动海底养分丰富的冷水涌升，构成浮游生物生长最理想的条件。而浮游生物又供养着珊瑚、海葵与海鞘。在这里，磷虾大量生长，给鲸、鲨、龙虾提供了充足而营养丰富的食物，形成了芬迪湾富饶而缤纷的海洋生态系统。

除了多种多样的海洋动物，海狸和麋鹿也是这里的长期住民，海狸住在海与森林的边缘，麋鹿也是湿地的爱好者。鲸悠游的海洋，滨鸟飞翔的天际，奇异的“花盆”岩石群、迁徙岸禽、鲸和芬迪湾的当地文化，尽在不言中。

Africa Articles

3 非洲篇

非洲大陆之角

好望角

这里拥有最原始的生态景观，达尔文在《物种起源》中都不得不给这里画上浓墨重彩的一笔。这里来过无数个伟大的航海家，在世界文明的发展中占据着重要的位置，这里曾带给了无数航海家悲痛，他们一度认为这里是世界的尽头，从此下去，再无可能，但这里又一次次地给予他们希冀，在某一天，它有了自己的名字——好望角，在电影《2012》中，它是人类的重生之地。

所在地：非洲开普敦

特　点：著名的植物宝库，这里拥有全世界最古老、最原始的灌木层

…

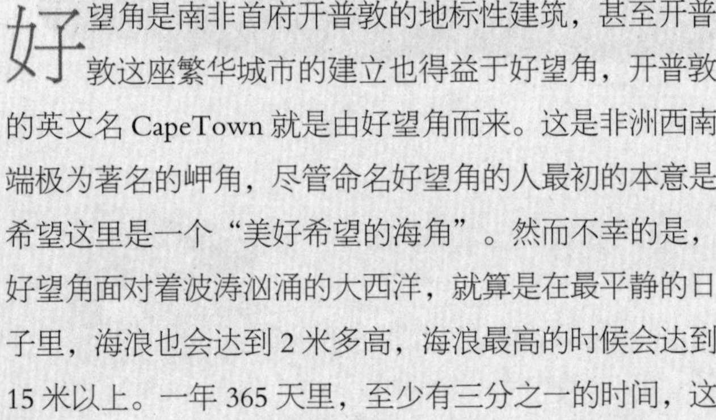

好望角是南非首府开普敦的地标性建筑，甚至开普敦这座繁华城市的建立也得益于好望角，开普敦的英文名 CapeTown 就是由好望角而来。这是非洲西南端极为著名的岬角，尽管命名好望角的人最初的本意是希望这里是一个“美好希望的海角”。然而不幸的是，好望角面对着波涛汹涌的大西洋，就算是在最平静的日子里，海浪也会达到 2 米多高，海浪最高的时候会达到 15 米以上。一年 365 天里，至少有三分之一的时间，这里都是狂风怒吼，大浪滔天。强劲的海风、翻滚的急流和惊涛骇浪让许多船只在这里遭难，除了巨大的风暴外，这里还常常会有“杀人浪”出现。因此，它不仅很少带来好运，反而是世界上最危险的航海地段之一。

[好望角灯塔]

好望角拥有着迷人的名字和传奇的历史，大多数人对这个名字十分熟悉，不管是哪个国家的地理书籍，都离不开这个伟大的名字。这里的风光冠绝非洲，甚至于天下。

好望角的由来有一个凶险却又美丽的历史

故事。1486 年，葡萄牙探险家迪亚士奉葡萄牙国王若奥二世之命，率探险队从里斯本出发，沿非洲西海岸一路向南航行，去寻找一条通往“黄金之国”的航道，这个黄金之国就是今天的南非。当船队驶到大西洋和印度洋交汇的水域时，海面上突然狂风大作，风雨交加，船队一时间面临着灭顶之灾。然而正在这时，巨浪把船队推到一个无名岬角旁，他们才幸免于难。迪亚士将此地名命为“风暴角”。若奥二世听到迪亚士的汇报后，把“风暴角”改名为“好望角”，意思是绕过这个角，就带来了美好的希望。

好望角是连接大西洋和印度洋的桥梁，在苏伊士运河未开通前，这里曾是世界上最著名的“海上生命线”。这里的风景比人们想象中的更美，好望角是一个著名的植物宝库，这里拥有全世界最古老、最原始的灌木层，拥有研究植物进化不可多得的原始条件。除此之外，这里还栖居着许多稀有动物。好望角美丽而富饶，却也十分脆弱，随着工业化的发展及地理环境的变化，这里的生态环境也受到了相当大的破坏。如今，为了保护它，这里的一草一木一砂一石都变成了自然遗产，哪怕是带走一块石头都是违法的。

好望角的美，温柔而又凶猛。在这里，人类开始了文明的新篇章。

[好望角]

好望角，传说中世界最西南角。

[标志性建筑好望角灯塔]

“好望角”的英文是“Cape of Good Hope”，意思是“美好希望的海角”，但最初却称为“风暴角”。好望角是一个位于非洲西南端的著名岬角。它位于34°21′S，18°30′E 处，北距开普敦 52 千米。葡萄牙人本是想通过此找到通往富庶的东方航道，故改称好望角。

[好望角多肉植物]

好望角多浆植物比例非常高，70% 以上都属于多肉植物，许多动物也都是以多肉植物为食。

世界上最上镜的海滩

德阿让海滩

小说家用文字来叙事，画家用颜料来叙事，摄影师则用镜头叙事。摄影师是一群最懂得审美的人，他们用镜头描绘世界、抒发感情。在摄影师的世界里，只有纯粹的美和丑，因此每一处有价值的风景，都是摄影师眼里的梦想之地。而德阿让海滩，就是这样一处风景。

所在地：塞舌尔
特　点：被摄影师青睐的海滩
…

德阿让海滩所在的拉迪格岛非常小，徒步两三个小时可以走完，岛上最常见的交通工具除了牛车就是自行车。

［德阿让海滩］

德阿让海滩位于塞舌尔的拉迪格岛西南部，它是《007》和《侏罗纪公园》系列电影的取景地。因为淡粉色的海滩而闻名于世，德阿让海滩曾被美国《国家地理》杂志评为世界上最美的沙滩，同时它也是世界上被拍摄次数最多的海滩之一。独特的地理位置让它保持着原生态，这里的巨石、阳光、沙滩、海洋用一种最和谐的姿态构成了一道完美的风景线。

在德阿让海滩，由各种巨型花岗岩所组成的景观已然成为整个塞舌尔最著名的标志物。岸边的巨石是大自然鬼斧神工的杰作，奇异的姿态，流畅的线条，姿态万千，光怪陆离，仿佛被上帝精心雕琢过一般，散发着一种惊心动魄的美。而被巨石围绕的内海则相对平静。内海的颜色层次分明，十分瑰丽，在阳光恰好的时候，宝蓝、碧蓝、靛蓝等多种层次十分明显，曾被评为世界上最洁净的海水。这里的海滩呈淡粉色，海滩非常狭窄，沙粒粗大，颗粒分明，还混杂着珊瑚碎片。

从诞生以来，德阿让海滩便享受了极大的荣耀，因此它也成为整个塞舌尔唯一一个收费的海滩。海滩在巨大的花岗岩中蜿蜒前行，向游客展示着它那令人赞叹的完美沙滩和精致的蓝色海水。在海滩上的椰子林里，游客可以随处捡拾到椰子。

德阿让海滩上的风景不仅仅能用迷人来形容，洁白而又干净的沙子令人眼花缭乱，海风吹来，微风让人迷醉。德阿让海滩十分干净，这一方面源于海滩的收费，另一方面则在于当地人对海滩环境的保护非常好，在德阿让海滩还可以看到很多“赶海”的人，赶海是指人们根据潮涨潮落的规律，赶在潮落的时机，到海岸的滩涂和礁石上去打捞或采集海产品。来到德阿让海滩，你也可以学着当地人去“赶”一次海，一定能给你带来许多乐趣。

[德阿让海滩上的古墓]

这个墓园是拉迪格岛的开拓者留下的。

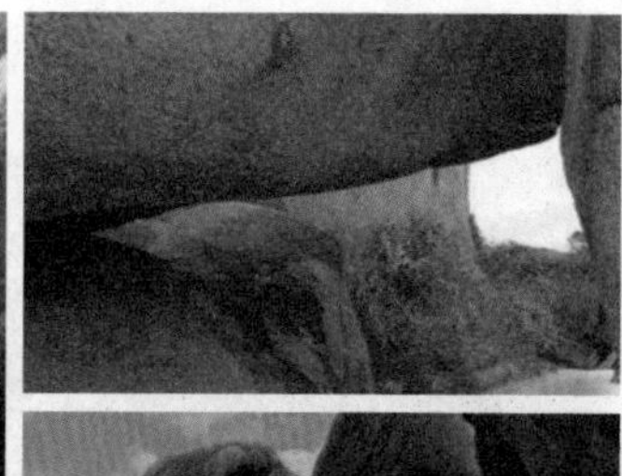

[德阿让海滩上鬼斧神工的怪石]

在德阿让海滩，你还可以进行海上娱乐活动，如冲浪、水上摩托车等。德阿让海滩是一个很好的度假场所，很多游客都喜欢在塞舌尔旅游时到德阿让海滩游玩一番。海滩附近建造了许多酒店，你可以在酒店里感受德阿让海滩的美丽之处。

德阿让海滩之所以在欧洲闻名，还有一个十分难以启齿的原因——这里是著名情色影片《艾曼纽》的外景地。当初在拍摄时搭建的栈桥仍然还在。

作为非洲最美的海滩之一，德阿让海滩吸引了众多人前去观赏，这里的景色一定会让你毕生难忘。

[塞舌尔钱币上的象龟]

在塞舌尔钱币上也印有象龟的图案，足见其在这里的地位。塞舌尔象龟是象龟中体型较大的一种，体重大约有 270 千克，身长为 1.2 米。在塞舌尔，如果家庭条件允许，每当有一个婴儿降生的时候，这个家庭就会收养一只小象龟，让它和婴儿一同成长，以求长命百岁。

和鲸一起嬉戏

赫曼努斯

“彩虹之国”南非独享着世界少有的自然景观与人文风光，其南部的赫曼努斯当地著名的疗养胜地，也是世界上唯一能够近距离观看鲸的地方，每年都有成千上万人来到这里，远离世俗喧嚣，和鲸一起嬉戏，享受大自然的美景。

赫曼努斯位于开普敦南部，这里风景优美、钟灵毓秀、空气清新，是当地一个著名的疗养胜地。当然，在这个海岸最出名的还是鲸，鲸是这个海岸的灵魂，成千上万的旅行者都会聚集在这里，观赏这些巨大又温柔的动物在海上奔腾。观鲸已经成为这里的传统，每年 10 月 2 号，这里还会举办盛大的鲸节。

[鲸翻身]

赫曼努斯是南半球鲸每年迁徙的必经之地，在温暖的天气下，许多鲸都会在这里洄游。这里风浪相对较小，适合鲸生存，得天独厚的地理环境使它成了全球唯一可以近距离观看鲸的地方。

鲸洄游时的场面十分壮观。你可以在这里看到数十头鲸一起在空中翻腾、在水中倒立或用羽扇一样的大尾巴击水嬉戏。在这里看鲸，你需要留意鲸喷出的水柱，因为那通常是鲸出现的特定讯号，当然如果你不想过多分心，那也没有关系，因为这里有专门的报鲸人通报鲸的信息。当鲸出现时，他会吹响用干海草的茎干制成的长长的号角，长久以往，“报鲸人”也俨然成为赫曼努斯的一景。

所在地：南非

特　点：观鲸已经成为这里的传统，每年都会有无数的鲸在这里洄游

每年的 6—12 月，可以在风光如画的赫曼努斯看到成群的露嵴鲸。非洲南部是南半球 9 种鲸每年迁徙的必经之地，露嵴鲸会万里洄游并在赫曼努斯附近的海湾交配产子。

疑是银河落海上
海上瀑布

“飞流直下三千尺，疑是银河落九天”“溪涧岂能留得住，终归大海作波涛”，瀑布的壮观与美丽，让无数古人都为之兴叹，只是人们见到的瀑布通常都产生于河床纵断面的陡坡上或悬崖处。你是否想过，如果瀑布遇上海洋，会发生怎样的化学反应呢?

说到瀑布，人们应该不会感到陌生。在国内，壶口瀑布、黄果树瀑布独领风骚，在国外，尼亚加拉大瀑布、维多利亚瀑布、伊瓜苏瀑布也十分出名。然而，在世界上的一些地方有一些特别的瀑布，它们不同于一般的瀑布形态，十分神奇。

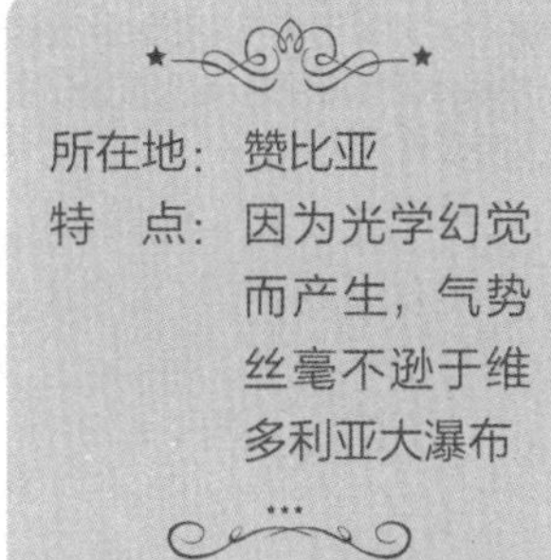

所在地：赞比亚
特　点：因为光学幻觉而产生，气势丝毫不逊于维多利亚大瀑布
…

毛里求斯的西南端是一片茫茫的大海，在海洋的中心藏着一处神奇的海景——海上瀑布。在谷歌地图上，你也可以看到这个瀑布的存在。也许是因为这个瀑布存在的地方过于特别，以至于许多来毛里求斯旅行的游客都只能在飞机上匆匆一瞥，但正是这一瞥，让无数人对这个壮观的海上瀑布记忆犹新。

这个瀑布位于海中央，因此只适合租赁直升机鸟瞰。从高空往下看，你会看到湛蓝透明的海水中有一个倾泻而下的瀑布，这个瀑布似乎从海面发端，奔涌着的银白色的水朝海底涌去。也许因为周围尽是海水，没有阻碍，因此这个瀑布显得十分“肆无忌惮”，它就像一根银色的柱子，浩浩荡荡地奔向海底，汹涌澎湃，气势磅礴，即使与非洲最大的瀑布——维多利亚大瀑布相比，它也毫不逊色。这样一个海上瀑布，让许多游客为之惊叹。

那么，这个瀑布到底是如何产生的呢？其实，这是一个神奇的地质学现象。

[渡渡鸟木雕]
渡渡鸟在被人类发现后仅仅70年的时间里，便由于人类的捕杀和人类活动的影响彻底灭绝。它堪称除恐龙之外最著名的已灭绝动物，也是毛里求斯唯一被定为国鸟的已灭绝鸟类。

虽然渡渡鸟已经在地球上消失了，可是在毛里求斯岛上却到处可以“遇见”它，因为在该国国徽、钱币、纪念品、艺术品、广告和俱乐部的名牌上，都能看到它的形象。

1842 年，著名生物学家达尔文经过长达 5 年的科学考察，出版了著名的《珊瑚礁的构造和分布》一书。在这本书中，他提出了礁生长“沉降说”的观点，认为在岛屿的沉降中，海平面相对上升最终会导致礁从沿岸发育的岸礁向环礁和潟湖转变。按照水往低处流的观点，潟湖内的海水会形成一个通道以便于潟湖的水沿着低洼的地貌流动。有时海水中掺杂着礁石上的沙粒，这些沙粒遇上大的礁石时会产生堆积，就会让人产生瀑布拍打礁石的错觉。

[Google 地图记载的卫星照片]

位于毛里求斯附近海域的海上瀑布其实是一种视觉错觉，想要欣赏这一壮丽景象最好乘坐飞机或直升机从高空观看。

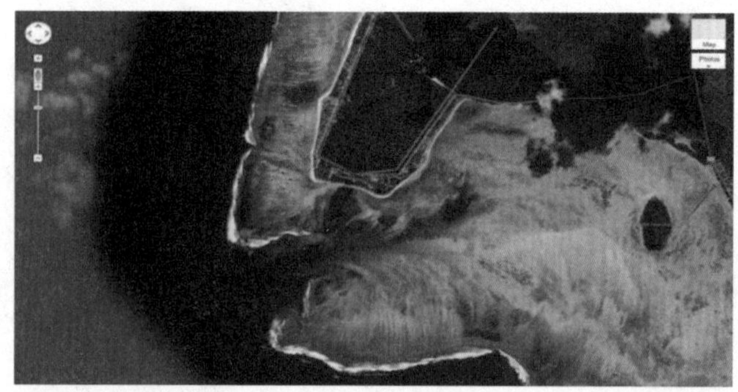

在毛里求斯岛上有许多华人，大多是客家人。以前国内客家人三餐都要做饭来吃，以应付繁重的体力劳动。可在毛里求斯，人们大多按照欧洲的习惯生活：一天只吃两餐，中午那顿吃点饼干或面包就随便对付了。因此毛里求斯的华人吃饭也入乡随俗，只吃两餐的人越来越多。很多年轻人都喜欢用刀叉和盘子，慢慢淘汰了“筷子”。在见面礼仪上，华人也已经入乡随俗，都是按法国礼仪“贴脸”打招呼。

在毛里求斯附近海域的海底，有一个数百万年前形成的海洋架，在海床的扩张作用下，一个年轻的海底高原就在这一片海域形成。在高原的周围存在极高的落差，因此就导致海平面的相对上升，海中礁石的细沙和淤泥顺着洋流源源不断地流向海洋架的边缘，然后顺着边缘坠入数千米深的海底。人们看到的“海上瀑布”其实并不是真正的“生于海上”，这只是沙子和淤泥不断地往海沟下沉而造成的光学幻觉。它就像一张 3D 绘图，其中所用的“颜料”就是海底的泥沙。据科学家探测，“海上瀑布”和“瀑布底端”的距离其实不到 20 米高。但这种如临深渊的即视感，仍然十分壮观。

除了毛里求斯，世界上还有几处这样的海上瀑布，如冰岛的法罗瀑布、巴西的深海平原瀑布以及南设得兰群岛瀑布等，这些只有俯瞰才能看到的瀑布，每年吸引了无数的游客。

漫步在珊瑚礁上

沙姆沙伊赫

有人说，埃及占尽了祖先的宠爱，它得到了时间的荫庇，继承了古老的尼罗河文明，拥有金字塔、狮身人面像等无价之宝，成为屹立于非洲的一颗璀璨的明珠。尽管如此，埃及人却并没有坐享其成，沙姆沙伊赫就是当代人凭借自己的双手开发和建设起来的旅游度假胜地。

所在地：埃及

特　点：这里有200多种珊瑚礁和活珊瑚，各种各样的海洋动植物在这里栖息，海底景色光怪陆离

…

沙姆沙伊赫位于西奈半岛，濒临埃及西奈半岛东南端的红海亚喀巴湾，苏伊士湾和亚喀巴湾两个黄金海岸在这里交汇。这里没有任何的文物古迹，完全是以纯粹的自然美景来吸引外国游客。这里曾经被评为非洲最美的海滩之一，细软金黄的沙滩、温暖蔚蓝的海水和明媚的天气让这里成为当地的游览胜地。不过，在这里最让人流连忘返的美景却是那毫无污染的红海珊瑚礁。

沙姆沙伊赫历史上长期属于一个“空岛”，荒无人烟，十分偏僻。随后以色列人占领了此地，并对这一片海滩进行了开发。因此，当地的一些建筑仍然带有明显的以色列风格。根据戴维营协议，1982年沙姆沙伊赫被以色列归还埃及。自从埃及收回沙姆沙伊赫后，就加紧了对当地的开发，大量的投资和基础建设在这里展开，现代化的机场、便捷的高速公路网、鳞次栉比的高档酒店及相关设备，让这里的风景更加迷人，每年的游客量也与日俱增。

[珊瑚礁]

[骷髅海岸国家公园大门]

通往地狱之门

骷髅海岸

提到海岸线，许多人都会想起金黄的沙滩、碧蓝的天空以及暖暖的微风。但是在非洲有一条这样的海岸线，它一侧是沙漠，一侧是大海；它遍地黄沙，十分荒凉。许多人在这里神秘地消失或者死亡，这里的恐怖丝毫不亚于百慕大三角，它就是骷髅海岸，许多旅行者把这里称为地狱海岸。

所在地：纳米比亚

特　点：在这里，你看不到碧空如洗、感受不到海风轻拂，这里只有漫天的黄沙和满地的白骨

…

在非洲纳米比亚的纳米布沙漠和大西洋冷水域之间，有一片白色的沙漠。它的一侧是一望无垠的沙漠，另一侧则是碧蓝色的大海。这条长达 500 千米的海岸线被称为“骷髅海岸”，又称为地狱海岸。骷髅海岸是世界上为数不多的最为干旱的沙漠之一，当地人认为这里是“土地之神龙颜大怒”的结果。因此，这条海岸线每日备受烈日的煎熬，在荒凉中透着一丝丝美丽，却又美得让人不寒而栗。从空中俯瞰，这是一大片斑驳的金黄色沙丘。在这里，你看不到碧空如洗、感受不到海风轻拂，只有漫天的黄沙和满地的白骨。一望无垠的金色沙滩充满了神秘的气息，壮观的沙滩和海岸边碧蓝的海水互相映衬，形成了一道独特的风景。在广袤的沙滩周围，霍阿鲁西布干河静静流过。当内陆降下倾盆大雨的时候，巧克力色的雨水使这条河变成滔滔急流，这

些干涸的河床就会出现“狭长的绿洲”。

骷髅海岸是世界上最危险的海岸线，这里水势汹涌，海面下隐藏着参差不齐的暗礁。而在海岸沙丘远处的岩石，由于风化作用，它们刻蚀得奇形怪状，犹如从地狱中钻出来的妖怪。在南部，连绵不断的内陆山脉是河流的发源地，许多河流还未进入大海就已经干涸。这些干透了的河床就像沙漠中的车辙，一直延伸到看不见的地方。这里有交错的水流，时常刮起 8 级的大风、雾海和深海里参差不齐的暗礁让人毛骨悚然，来往这里的船经常失事，1943 年，12 具无头骸骨在这里被发现，在骸骨的附近还有一块石板，上面写着：“我正向北走，前往 60 里外的一条河边。如有人看到这段话，照我说的方向走，神会帮助他。”至今也没有人知道这些遇难者是谁，也没有人知道他们为什么遇难。除此之外，传说中这里埋葬许多船只，有许多失事的船员跌跌撞撞爬上了岸，最后却还是被风沙折磨致死。这里的许多骷髅据称就是船员的遗骨。这里不时会从远处的海上刮过来风，当地人称这种风为“苏乌帕瓦”。风吹来时，沙丘表面会向下塌陷，沙粒彼此摩擦，像一个人在猛烈地咆哮，这仿佛是对遭遇海难后的海员以及那些迷路的冒险家的灵魂挽歌。

1859 年，瑞典生物学家安迪生来到这里，感到一阵恐惧向他袭来，使他不寒而栗，他大喊：“我宁愿死也不要流落到这样的地方。”

1933 年，一位瑞士飞行员诺尔从开普敦飞往伦敦时，飞机失事，坠落在这个海岸附近。

[船只残骸]

失事船经过上百年海水和风沙的洗礼，只剩下一点骨架了。

除此之外，骷髅海岸还是冲浪的最佳目的地之一，充满刺激和乐趣的冲浪，也吸引了众多来非洲旅游的游客。在海边，大浪猛烈地拍打着缓斜的沙滩，把数以百万计的小石子冲上海岸，十分美丽。不过，除了部分热衷于冒险的人外，许多人还是不敢在这里尝试冲浪。对于他们来说，这是致命的诱惑。

[沙滩上的海豹]

纳米比亚的海豹与世界其他地方的海豹不同，属于长毛类海豹，也称为有耳类海豹。这里的海豹身上长有两层毛，表层毛长而粗疏，里层毛短而细密。

极具田园风情的海滩

巴扎鲁托海滩

非洲是全世界最具多样化的大陆之一，这里的海岸线长 2.6 万千米，因此说到海滩，非洲绝对不容错过。坐落在坦桑尼亚的巴扎鲁托海滩是非洲最具田园气质的海滩，成片的棕榈树、成群的白鸟及海中漂浮着的单桅帆船，十分美丽。

所在地：坦桑尼亚
特　点：非洲最具有田园风情的海滩

[巴扎鲁托国家公园]

巴扎鲁托海滩位于莫桑比克的巴扎鲁托国家公园内，它坐落在伊尼扬巴内省北部，距莫桑比克的首都马普托 780 千米，是印度洋上风光最美的海滩。这座公园包括巴扎鲁托岛、玛格路库岛、圣卡罗岛等 5 个岛屿，其中面积最大的巴扎鲁托岛位居最北边，整座岛屿南北长约 37 千米，其形状似一条细长的玉带。这里远离尘嚣、隔绝污染，像一个世外桃源一样，保存着最原始的面貌。

自 1971 年被宣布为国家公园，保护岛屿上超过 250 种的鸟类、蝴蝶、鳄鱼。为了充分享受巴扎鲁托，需要调整奢侈品的概念，在岛上，奢侈品意味着尽可能接近自然。

在巴扎鲁托岛上，最为著名的就是巴扎鲁托海滩了。这里的海滩是由沙丘、石灰岩以及不断扩大的沙质海岸组成的。湛蓝的海水、绿色的棕榈树、白色的沙滩交相辉映，让你仿佛到了夏威夷的海滩。但仔细体会后，你会发现这里与夏威夷海滩有不一样的味道。这里的海浪不高，不过却很宽，为了生计，当地许多妇女都会在浅滩上蹚水摸鱼。每天清晨，都会有一群渔民从巴扎鲁托海滩出海，乘着当地特制的单桅帆船去寻找猎物。单桅帆船是小型帆船的一种，船上一般都会有一根桅杆和两面帆，主帆相对较高，便于受力航行。这里的单桅帆船是由当地人的祖先传下来的，经过了一定的改造，因此十分适合在当地的浅水域划行。到了中午，无数艘单桅帆船矗立在海中，船上载满了各种鱼类。

巴扎鲁托面临的海域拥有丰富的海底鱼类和瑰丽的海洋风光。这里的珊瑚生长得十分旺盛，在深海和浅水处都是大大小小的珊瑚礁。除了珊瑚礁，这里还有上千种热带鱼类，巨大鲸鲨、稀有的鳐鱼、海豚和海龟，让这个海底世界成为浮潜者的乐园。每年六七月都有无数的浮潜客下到海中与鱼类为伍，场面十分壮观。除了潜水，这里同样适合海钓。赶上合适的时候，钓上一条10斤重的海鱼十分容易。因为鱼类的迁徙，这里的鱼群也是分季节的。如果想捕捉到金枪鱼，最好是在9—12月，旗鱼则是4—8月在这里聚集。为了可持续发展，当地政府设定了严格的捕鱼和休渔期政策。

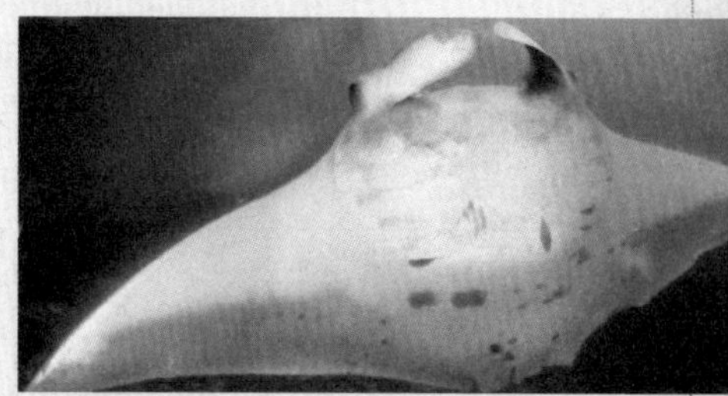

[魔鬼鱼]

在巴扎鲁托海滩附近曾发现了所有鱼类中大脑最大的魔鬼鱼。

[儒艮]

在巴扎鲁托海滩附近还发现有大量的儒艮，即传说中的美人鱼，因雌性儒艮偶有怀抱幼崽于水面哺乳之习惯，故儒艮常被误认为是“美人鱼”。

在当地最能体现田园风光的就是那一排排的棕榈树了。这里的棕榈树主要以油棕为主。它们高20多米，叶子十分宽阔，含油量高达50%以上，被称为“世界油王”。

来到巴扎鲁托海滩，一定要记得在这里观赏日落。浩渺的印度洋，夹杂着咸湿味的海风，渐渐落下的太阳，归来的弄潮儿，共同构成一幅无比动人的景色。

巴扎鲁托海滩在世界上算不上有名，但它却是最具有田园风光的海滩。来到这里，你会感觉生活如斯，别无所求。

真正的非洲最南端

厄加勒斯角

在许多旅行资料中，好望角一直被认为是非洲的最南端，其实这个说法不准确。因为真正的非洲最南端是厄加勒斯角。1966 年，在法国记者路易·约斯写的《南非史》中写道：“非洲大陆最南端是这个地方（厄加勒斯角），而不是一般人所认为的好望角”。

所在地：埃及
特　点：寻找非洲真正的“天涯海角”
…

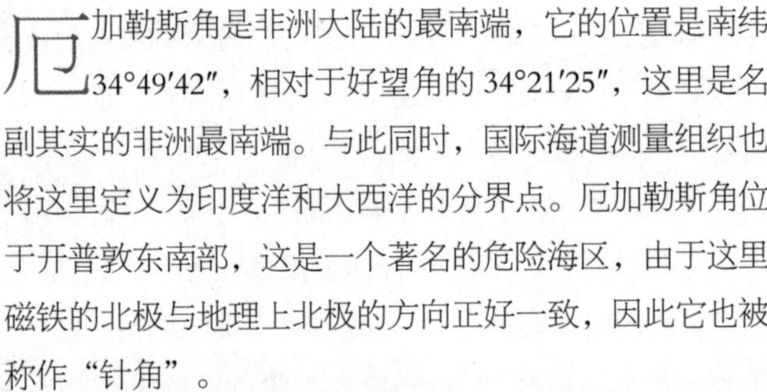

厄加勒斯角是非洲大陆的最南端，它的位置是南纬 34°49′42″，相对于好望角的 34°21′25″，这里是名副其实的非洲最南端。与此同时，国际海道测量组织也将这里定义为印度洋和大西洋的分界点。厄加勒斯角位于开普敦东南部，这是一个著名的危险海区，由于这里磁铁的北极与地理上北极的方向正好一致，因此它也被称作“针角”。

相对于它的地理意义，它的风景并非十分出彩。较之好望角，这里并没有太多的名胜古迹，这里的海滩没有好望角那般险峻的悬崖峭壁，也没有惊涛拍岸、险象环生的景色，当然这里也并没有发生过多少精彩的探险故事。在海边只有一堆堆杂乱的石头，海岸也十分平坦。但毋庸置疑，这里的确就是非洲大陆的“天涯海角”——传闻中大西洋与印度洋的分界线。

[厄加勒斯角位置碑]

在岸边有一块 1 米左右高的石碑。在石碑上用旧南非的两种官方语言阿非利加文和英文标明着这样一排字：你现在来到了非洲大陆的最南端——厄加勒斯角，下面注明地理位置——南纬 34°49′42″，东经 20°00′33″。在石基左边写着印度洋，右边则写着大西洋。

和海豚做恋人

海豚湾

海豚不仅是人类最喜欢的海洋生物之一，也是世界上最聪明的动物之一。它们的身体线条十分简洁，对人类也非常友善，仿佛海洋中最像人类的精灵。但作为保护动物，通常我们只能在海族馆或动物园才能近距离接触到海豚。然而在这里，我们不仅可以和它一起在海面上追逐打闹，还可以触碰抚摸，这里就是毛里求斯最美的海豚湾。

所在地：毛里求斯塔玛兰

特　点：金色的海滩，绿色的大海，温暖的阳光，欣赏众多的海豚

…

在1505年以前，毛里求斯岛上还是荒无人烟。当葡萄牙人马斯克林登上该岛的时候，只见一群蝙蝠扑扑棱棱地飞起来，于是他干脆把小岛叫作“蝙蝠岛”。1598年，荷兰人来到这里，以莫里斯王子的名字给岛命名为“毛里求斯”。荷兰人统治了该岛100多年。1715年，法国人占领了毛里求斯岛，改称它为“法兰西岛”。100多年以后，英国打败法国，将岛的名字又改回“毛里求斯”，并于1814年正式将岛划归为英国殖民地。

毛里求斯人通过各种方式求得自治，终于在1961年7月，英国同意毛里求斯自治。1968年3月12日，毛里求斯正式宣告独立。

毛里求斯北部的毛里求斯皇家植物园值得去走一走，这里的确不愧为“世界最美丽的植物园之一”，无论是西南印度洋的奇花异草，还是世界上最大的浮莲亚马逊睡莲，都带给人绝美的视觉震撼。

毛里求斯是非洲的一颗明珠，马克·吐温曾说“毛里求斯是天堂的故乡，因为天堂是仿照毛里求斯这个小岛而打造出来的”，但不身处毛里求斯，你便难以想象天堂的美丽。毛里求斯整个海岛被珊瑚礁环绕，这算得上大自然赋予的天然屏障，它把鲨鱼等凶猛的海洋动物挡在近海之外，同时也把暗藏危机的深海安全隔开。

毛里求斯有迷人的自然景观与狂野的热带风情，但它的千种面貌、万般风情，只有来在海边，看蓝天、沙滩、彩虹，才能真真切切地体会到。

如果要寻找毛里求斯最美的海景，那一定非海豚湾莫属了，这是层层叠叠的珊瑚礁上的一处缝隙，因为缺少珊瑚礁的阻隔，海浪可以拍出五六米高的浪花。毛里求斯人给景物的命名方式与我国出奇地相似——他们一般用形状相似的东西来命名，例如，因为形状像拇指，他们便把一座山命名为拇指山，而海豚湾，也自然是因为是那片海域海豚众多而得名。

海豚湾位于塔马兰的黑河区，塔马兰是毛里求斯西岸的一个小镇，这里高山环绕，景色十分优美。这里有金黄色的海滩、深绿色的大海、温暖的阳光，充满了热带地区的魅力。

有人说，来毛里求斯，一定要出一次海，去一次塔马兰，而出海和去塔马兰最大的乐趣就是看海豚。在海豚湾的岸边停靠着许多出海的快艇，你可以从此处出海，在船上待上一天。上船前你需要先脱下鞋子，由船员在特定地方储藏起来，然后光着脚丫，踏上收拾干净的船。

[海豚湾]

快艇离开码头后，你会来到波光粼粼的海中央。随着船越开越远，海水的颜色由绿色变为宝蓝色，最后直至深蓝色。到了海中央，你只需静静地等待海豚出现，这片海域在每天上午的 9 点半到 10 点左右，会有大量野生海豚出来晒太阳或寻觅食物，它们在这里嬉戏、跳跃，乘坐游艇观赏海豚是在毛里求斯旅游时的一种别样的体验。这里的海豚大致分为两种，一种是小型的宽吻海豚，它们的游速很快，据说可达每小时 5 ～ 11 千米，最快可达到每小时 35 千米。它们常常集体活动，数量较多；还有一种大型的、接近黑色的海豚，只有三五只一起活动。

当你看到大量海豚在海面起起伏伏时，那场面绝对不同于海族馆或动物园，很是壮观。追海豚在毛里求斯十分盛行，你可以站在快艇上，享受和海豚竞逐的乐趣。除此之外，还可以直接跳下海去与海豚“共浴”。

看完海豚后，可以在船上享用非洲的特色午餐。除此之外，还可以去浅水区浮潜，这里水深只有两三米，即使你不会游泳，那也没有关系。

毛里求斯南部有让人啧啧称奇的七色土，形状像座小山，中间隆起，南北的缓坡伸向平地，在阳光的照射下，这座山就像一幅彩色流动的画。

湿婆节是印度教的节日，是参拜湿婆神的庆典。湿婆神是印度教的大神之一，因为湿婆崇尚苦行，因此教徒们就会以自我折磨的方式来表达他们的虔诚之心。在经典的印度教神话中，有很多关于这个节日起源和意义的解释。有人说，湿婆神夜里迎娶他的妻子 Parvati 时，正值妖魔和神灵之间的开战，湿婆喝了毒药，获得了伟大的瑜伽功，他的颈部和身体变成蓝色。为了减轻毒药带来的疼痛，湿婆喝了圣水并以圣水沐浴。此后，便有了这个节日。

企鹅的乐园

企鹅滩

在大多数人的印象中，企鹅是一种生活在南极的动物，因此，要想近距离观察企鹅，除了动物园外，就必须花上高昂的费用，冒着极大的危险，去往冰川雪地的南极。然而，事实并非这样，在地处热带的非洲有一个生活着数千只企鹅的小镇，这个小镇专门为当地企鹅开辟了一片海滩作为保护区，这里就是位于南非的企鹅滩。

所在地：南非

特　点：欣赏生活在热带的数千只企鹅

…

世界上共有17种企鹅，它们大部分生活在冰天雪地的南极，但也有例外，在南非开普敦的西蒙斯敦镇也生活着数千只企鹅。这是一个背山面海而建的小镇，是从开普敦前往好望角的必经之路，这里曾经是南非海军基地所在地。如今它因为企鹅而知名，这些企鹅由于生长在开普敦，因此也被命名为开普企鹅。

据说这类企鹅是在1982年由当地渔民最先发现的，可能是因为在迁徙路上掉队了，有两对企鹅便滞留在了

[企鹅滩]

这个小镇。随后，在当地居民自发的保护下，如今该地的企鹅数量已经由当初的两对繁衍到了超过 3000 只。如果不是亲眼看到，很少有人相信在居民区附近的大海边，游人可以近在咫尺地观看企鹅。

最初这些企鹅一直都备受当地人的喜爱，但随着企鹅数量的增多，问题也随之出现。许多企鹅擅自闯进居民家中偷吃捣乱，或是随意在居民家的地毯上大小便，还有的直接冲到马路上觅食，严重阻碍了当地交通。因此，对于当地人来说，这些曾经的客人一夜间变成了可怕的邻居。

为了在保护这些企鹅的同时不影响当地人的正常生活，当地建立了一片封闭的海滩保护区，名为企鹅滩。蓝天、碧海、白沙，这里变成了非洲开普企鹅的家园。

[企鹅滩]

和澳洲的企鹅比起来，开普企鹅可谓生活在天堂里，它们既不用像澳洲企鹅那样起早贪黑，也不用游出整个海湾只为了填饱肚子。开普企鹅饿了就游到海里转一圈，冷了就在银白色的沙滩上晒太阳。

Europe Articles

4 欧洲篇

冰与火共舞的结晶

巨人之路

海就是普普通通的海，但是岸边堆满了六边形玄武岩石柱，以井然有序、美轮美奂的造型从峭壁伸至海面，其威猛磅礴的气势令人叹为观止，它就是北爱尔兰安特里姆平原的岬角——“巨人之路”。

所在地：北爱尔兰

特　点：不可思议的数万根大小不均匀的玄武岩石柱聚集成的绵延数千米的堤道

…

“巨人之路”沿着海岸悬崖的山脚下有4万多根六边形或五边形、四边形的石柱组成的贾恩茨考斯韦角，从峭壁中伸向海面，数千年如一日地屹立在大海之滨。

巨人之路位于北爱尔兰贝尔法斯特西北约80千米处的大西洋海岸，沿着海岸悬崖的山脚下，由数万根大小不均匀的玄武岩石柱聚集成一条绵延数千米的堤道，从大海中延伸出来，从峭壁伸至海面，被视为世界自然奇迹。

“巨人之路”是北爱尔兰的著名旅游景点，1986年被联合国教科文组织评为世界自然遗产，是北爱尔兰大西洋海岸最具有特色的地方。这是一个壮观的玄武岩石柱林，有数万根六边形或五边形、四边形的玄武岩石柱聚集排列在一起而成，石柱中有不少大型石块被冠以巨人、风琴等名称，十分有趣。

巨人之路又被称为巨人堤或巨人岬，名称起源于爱尔兰民间传说。传说远古时代爱尔兰巨人要与苏格兰巨人决斗，于是他开凿石柱，把岩柱一根又一根搬运至海底，使海底填平，铺成通向苏格兰的堤道，去与苏格兰巨人交战，后来堤道被毁，只剩下现在的一段残留。还有一个传说则非常浪漫，相传巨人之路是爱尔兰国王军的指挥官——巨人芬·麦库尔为了迎娶他心爱的姑娘而专门修建的。他爱上了住在内赫布里底群岛的姑娘，为了接她到巨人岛来，于是建造了这条堤道。

但事实上，现代地质学家们通过研究，发现“巨人

[巨人之路]

之路”是一种天然的玄武岩，是由于大西洋底的地壳开裂，炙热的岩浆喷涌而出，遇海水后迅速冷却凝固而成的，也就是冰与火交相共舞的结晶。巨人之路和巨人之路海岸，包括低潮区、峭壁以及通向峭壁顶端的道路和一块高地，峭壁平均高度为 100 米，是峻峭的自然景观。大量玄武岩石柱排列聚集，形成石柱林，气势壮观。自形成以来的千万年间，这些玄武岩石柱受大冰期的冰川的侵蚀和大西洋海浪的冲刷，逐渐被塑造出高低参差的奇特景观。奔腾的海浪沿着石块间的断层线把暴露的部分逐渐侵蚀掉，松动的石块则被海水搬运走，因而巨人之路呈台阶式外貌的雏形，再历过千万年的侵蚀、风化，最终，玄武岩石堤的阶梯状效果就形成了。

组成巨人之路的石柱总计约有 4 万根，且其横截面宽度为 37 ~ 51 厘米，典型宽度约为 0.45 米，绵延约有 8 千米长，石柱连绵有序，呈阶梯状延伸入海。多边形的石柱有的高出海面 6 米以上，最高者可达 12 米左右，也有的隐没于水下或者与海面高度持平。人们按照不同石柱的形状给它们起了颇具形象化的名称，如“大酒钵”“烟囱管帽”和“夫人的扇子”等。

“巨人之路”是柱状玄武岩石这一地貌的完美表现，这些巨大的玄武岩石柱在海岸边绵延起伏，远远望去，如同山岳一般壮美。

根据 2008 年 1 月英国皇后学院的一份报告，由于全球变暖导致海平面上升，巨人之路正在面临威胁。据预测到 21 世纪末，海平面将上升 1 米，而更严重的是随之而来的海浪和风暴将更加猛烈地袭击巨人之路，报告预测在 2050—2080 年，巨人之路上的石块将变得更加陡峭，到 22 世纪初，人们将难以见到部分巨人之路上的独特景观。

地球最优秀的蓝色艺匠

爱琴海

蓝色的教堂屋顶，白色的雅典诸神殿石柱，落日把海平面渲染成红色，每一个到访者皆可流连于蓝白小镇，纵情于碧海蓝天，陶醉于满径花海。流云自在，清风慵懒，小巷蜿蜒，在爱琴海，你可以遇见你的所想。

大西洋中的极乐世界

希腊是一个美丽的国家，海岸线长约 1.5 万千米，3000 多个岛屿分布于爱琴海和地中海中。希腊不乏名胜古迹，如雅典卫城、德尔菲太阳神殿、克诺索斯迷宫、阿波罗宗教城等。

希腊最令人神往的便是爱琴海，它是地中海的一部分，这里岛屿众多，星罗棋布，因此又有“多岛海”之称。这里港湾交错，岛上风光旖旎，阳光充足，海滩沙软潮平。这里以空气清新、气候宜人而著称，是一个极受游客青睐的世界旅游胜地。爱琴海的阳光璀璨、山海掩映、植物常青，遍地都是橄榄、香蕉、葡萄等果木，百里香、金雀花、日光兰开满谷地。

爱琴海海域南北长 610 千米，东西宽 300 千米，海

所在地：希腊

特　点：拥有童话般的白蓝色建筑，是希腊神话里的极乐世界，外围有无数的海湾、港口和避风小港

[雅典卫城]

雅典卫城始建于公元前580年。最初，卫城是用于防范外敌入侵的要塞，山顶四周筑有围墙，古城遗址则在卫城山丘南侧。卫城中最早的建筑是雅典娜神庙和其他宗教建筑。根据古希腊神话传说，雅典娜生于天父宙斯的前面，她将纺织、裁缝、雕刻、制作陶器和油漆工艺传授给人类，是战争、智慧、文明和工艺女神，后来成为城市保护神。

岸线非常曲折，海中最大的一个岛名叫克里特岛，面积约 8300 平方千米，东西狭长，是爱琴海南部的屏障。爱琴海边蓝色的屋顶、纯白的墙壁、红色的三角梅，缓缓转动的风车磨房……让人深深地迷恋。

圣托里尼岛是爱琴海最璀璨的一颗明珠，也是柏拉图笔下的自由之地。爱琴海的火山曾多次爆发，最剧烈的一次爆发于公元前 1500 年，造成岛屿中心大面积塌陷，形成月牙状，也使岛上的城镇崩溃。1956 年，火山又一次喷发，岛上的城镇再度崩溃。因此，火山下的世界成了历史之谜，不少人认为这里便是希腊神话中“大西洋中的极乐世界”的所在。事实上，圣托里尼岛的瀚海蓝天以及一片白色的宛如童话般的建筑，也依然让人觉得极乐世界就在眼前。

[奥林匹亚宙斯神庙]

宙斯神庙位于希腊雅典奥林匹亚村，是为了祭祀宙斯而建的，也是古希腊最大的神庙之一。宙斯神庙建于公元前 470 年，于公元前 456 年完工，由建筑师 Libon 设计，宙斯神像则由雕刻家 pheidias 负责。公元前 86 年，罗马指挥官苏拉攻占雅典，破坏了尚未完成的建筑，将一部分石柱和其他建材拆下来之后运到罗马。直到今天，在罗马市中心的古罗马广场遗址上还能看见它们。

虔诚的希腊人在圣托里尼岛上建造了无数的教堂，而且造型接近，白色墙面很纯粹。教堂隐藏在全岛的大街小巷，大部分采用家族式的存在方式，每路过几户人家或店铺就会发现一座。除了白教堂，闻名遐迩的蓝顶教堂则是圣托里尼的象征，也是爱琴海的象征。蓝顶教堂在岛上多如牛毛，它没有复杂的建筑设计，轮廓线条呈几何体，但仅仅是简单的圆顶式，也足以吸引无数人争相前来朝拜。悬崖边屹立着大小不一的蓝顶教堂和钟楼，而每座钟楼的设计又各有特色。圣托里尼岛上的建筑风格以传统的洞穴式房屋著称，但是现今这种真正传统的老房子也越来越少，取而代之的是风格相似的白房子。

[帕特农神庙]

帕特农神庙也译为“巴特农神庙”，是雅典卫城最重要的主体建筑。神庙矗立在卫城的最高点，这座神庙历经 2000 多年的沧桑之变，如今庙顶已坍塌，雕像荡然无存，浮雕剥蚀严重，但从巍然屹立的柱廊中，还可以看出神庙当年的风姿。

日落爱琴海

雅典卫城、帕特农神庙、奥林匹亚宙斯神庙，

[爱琴海一角]

爱琴海有一个非常美妙的称号："葡萄酒色之海"。据记载，春夏二季，在强烈阳光的照耀下，爱琴海显得异常透明清澈，那是一种恬静之美，当太阳渐渐西下的时候，爱琴海会从湛蓝碧绿变成葡萄酒色的绛紫色，与远处小岛的各类古建筑交相辉映，不是画却胜似一幅画。

窄巷、小白屋、或红或绿或蓝的门窗，蓝顶教堂以及海滨广场旁白色圆顶教堂不远处的风车磨坊，再加上美轮美奂的落日，使爱琴海成为地中海美景中的佼佼者。

爱琴海的岛是细长细长的，干干净净的小巷里，毛驴载着游人悠闲地晃来晃去。海岸线上有许多橄榄树果园、峻峭的山岩，以及被松林拥抱的广阔而素雅洁净的海滩。这里宁静而优美，世界各地的年轻艺术家来到此地从事艺术创作，他们制作的金银首饰、玻璃瓷器、装饰品都摆出来任人选购。

站在爱琴海岸边凸出的崖岛上，可以看到沿岸的伊亚、提拉、阿克罗提利三个小镇靠海的白房子以及火山岛，悬崖的周边堆满了祝福的玛尼堆。伊亚小镇的日落举世闻名，当地人在峭壁顶端搭建房屋：粉色、黄色、蓝色、白色混杂在一起。这个被称为"艺术家的村落"的小镇，以日落景色最迷人，这里号称拥有全世界最美的夕阳。傍晚时分，万众期待的落日带着它亮丽的橘红和橙黄在海上洒下金光闪闪的地毯，然后耀眼地、磅礴而绚丽地踏上金光大道，缓缓走进了深蓝色的爱琴海，四周寂静悄然。

[爱琴海海边建筑]

在希腊每一座有人居住的海岛上，所有的房子几乎都被粉刷成耀眼的白色，而窗户则被涂成大海的蓝色。在这里，就连肃穆的教堂也是白色的墙体、蓝色的顶部。对于为何如此青睐白房子，希腊人有两种说法：有的说白房子的颜色与蓝白二色的希腊国旗有关；也有的说白房子显示出人与自然的亲近：白色墙体象征白云，而蓝色窗户象征大海。

另外，扎金索斯岛上的蓝色洞穴的海水则让爱琴海成为梦幻的海洋，进入洞穴中还能看到红色、黄色的石头和真正的黄色海绵。因为洞穴底部有孔，太阳的光线穿过孔把海水照亮，于是海水都是泛着荧光的蓝色。

在风情万种的爱琴海上，有世界上最美的日落，也有最壮阔的海景，这里蓝白相知的色彩天地是艺术家的聚集地，绝美的风光是摄影家的天堂。

世界上最善变的海滩

尖角海滩

拥有世界“最善变海滩”之称的尖角海滩一端伸入海中，会随着风向的改变而改变。绵延的尖角一路延伸至海洋，经年累月地经受着海浪的侵蚀。海水、阳光、沙滩、鹅卵石、风帆冲浪……独特的它一定能带给你独特的享受。

克罗地亚有绵延的海岸线，也有很多岛屿，于是也成就了许多杰出的海滩，尖角海滩就是其中之一。尖角海滩能根据风向和洋流流向而改变位置和形状，它是世界上最多变的海滩，也是洋流的风向标。

尖角海滩长达 530 米，最后消失在温暖清澈的亚得里亚海。海岸线主要由石灰岩构成，松软的部分经不住海浪天长日久的冲刷而慢慢后退，最终掏出了一个浑然天成的大洞。上下两排“尖牙”状的岩石，更像恐龙霸气的大嘴。事实上，海滩的形状在风力和海浪的影响下仍然处于不断变化中。该地区盛行西风，所以也是帆船运动和风筝冲浪等水上活动爱好者的天堂，早上的温柔适合初学者，午后的活跃适合寻找刺激的人。另外，尖角沙滩上还有天体浴场。克罗地亚的物价也比较低，比较适合旅游。

尖角海滩因旖旎的风光和独特的“多变体质”，成为到克罗地亚旅游的人竞相追捧的唯美之地。

所在地：克罗地亚

特　点：长达 530 米，能根据风向和洋流流向而改变位置和形状

…

[海浪管风琴]

在克罗地亚的海滨扎达尔，有一些建在海岸边上的石阶，它们外观上并无独特之处，但是当海水涨到合适的水位时，静心倾听，会发现大海正在为你奏响一首奇妙的乐曲。原来，这是一架经过精心设计的海浪管风琴，白色石阶下暗藏 35 个大型风琴管，大海就是风箱。海水拍打和潮汐涨落会在风琴管中自动形成气压变化，美妙的乐声也随之产生。

现实中的天空之城

金角湾

这个角形的海湾将伊斯坦布尔的欧洲部分一分为二，是世界首屈一指的优良天然港口之一。这里就是金角湾，在落日余晖中染成一片金黄的海岸上，美丽的公园和滨海步道井然分布。

所在地：土耳其

特　点：一个长约7千米、从马尔马拉海伸入欧洲大陆的天然峡湾

……

倾听金角湾的喧嚣与宁静

金角湾是伊斯坦布尔最著名、最动人的海湾，曾是伊斯坦布尔港口的主要部分。在古代是重要的商业据点，而如今的金角湾及其两岸则是伊斯坦布尔著名的观光景点。

金角湾是一个狭长的水域，曾是伊斯坦布尔北部的重要屏障，也是北岸山坡上高耸的加拉太塔的前身，即14世纪热那亚人控制金角湾的堡垒的最高点。从希腊那边驶来的游轮会在这里停靠，像旧时一样，旅客们从金角湾登陆，叩开伊斯坦布尔的大门。还有一种到达伊斯坦布尔的浪漫方式，从欧洲出发的火车到达金角湾入口东南侧的火车站，这个火车站为人们所熟知是因为电影

《东方快车谋杀案》，曾经的东方快车就是绕着伊斯坦布尔的海边城墙缓缓而行，最后在金角湾漂亮收尾。火车也从金角湾启程，驶向伊斯坦布尔、维也纳、巴黎，以及充满未知际遇的旅途。

金角湾及其两岸分布着加拉太塔、圣索菲亚大教堂、蓝色清真寺、苏莱曼清真寺、大巴扎、香料市场等伊斯坦布尔的著名观光景点。在这里，可以看到两岸依然保留着许多拜占庭、奥斯曼时代的木房子和一些其他的教会与教堂，还有横跨欧亚大陆的欧亚大桥、加拉太大桥以及美丽的公园和浪漫的滨海大道。

如果在伊斯坦布尔的老城区选一个制高点，如从苏莱曼清真寺的庭院往下看去，金角湾平静得像一条蓝色丝缎。大大小小的船只随意地散在海面上，船头朝向四面八方，还有一些正掩藏在几座新旧不一的桥下，有种错落的美感。清真寺的尖塔们沿着老城这边的山坡一层层落下去，海湾对面贝伊奥卢大片密集的公寓楼，反而更有波涛汹涌的样子。而街区之间的空白被绿色树林填满，再远一些的淡绿山影一直往黑海方向排列而去。

加拉太大桥是金角湾上最靠东的一座桥，也是连接苏丹艾哈迈德区和北岸贝伊奥卢的咽喉要道。事实上，金角湾 100 多年前就修建了一座铁桥，但 1992 年在大火中被毁，后来在原址修建了目前的这座加拉太大桥，它以平民化的舒缓造型和周围的美景而闻名于世。

[老街一景]

1502 年，达 · 芬奇为奥斯曼帝国横跨两大洲的伊斯坦布尔市绘制了一幅美妙绝伦的拱形桥设计草图。该桥长 346 米，横跨博斯普鲁斯海峡，如果能建成，它将成为当时世界上最长的桥。但奥斯曼帝国苏丹却拒绝建造此桥，他认为该工程难度太大、造价太高。于是，这座桥在图纸上待了 500 年。

最美的落日

金角湾如同它的名字一样，每当落日之时，古老的清真寺、奥斯曼帝国的皇宫，甚至博斯普鲁斯海峡以及桥上仍然垂钓的人，都好似披上了金色的外套一般。

在晴朗的下午，金角湾泛着温情的波光。你可以坐在一间普通的咖啡馆，听着海的呼吸、看着日落、欣赏金角湾上横架着三座大桥，从入海口上行分别是加拉太大桥、阿塔图尔克大桥和老加拉太大桥。大桥之间近海岸处，公园、绿地和滨海步道井然罗列。遥望海湾入海处，隐隐可见托普卡普老皇宫的身影。身后马路的对面就是古城名胜之一的新清真寺（耶尼清真寺），虽说是“新”清真寺，却也是建设于 1567—1663 年。

着两岸的秀丽风光，码头的岸边被群鸽环绕，它们还不时发出“咕咕……”的呢喃，没什么比这更美好的了。日落时分在金角湾散步也是游人终生难忘的经历，此时的金角湾天空呈现一种灰蓝色，海水呈现一抹波光粼粼的蓝，海在眼前，海风吹拂，尖声鸣叫的海鸥不时掠过水面，打破了空气中的安详。远处宣礼塔的唱经声，混杂着轮船的汽笛声，码头小贩的叫卖声，一起冲撞击着游客的耳膜，让人情不自禁地爱上金角湾，爱上伊斯坦布尔。

从加拉太大桥往西，你可以选择乘坐游船往上游探索金角湾两岸的风光。如果坐在博斯普鲁斯海峡的游轮上，一会儿停靠在北岸，一会儿停靠在南岸，在伊斯坦布尔的新旧城区之间来回穿行，也别有一番风味。在落

[土耳其香料]

土耳其香料市场以五颜六色的香料闻名于世。现在这里也是纪念品、水果、坚果、糖果等生活用品批发市场。进入市场犹如进入一个色彩世界，在这里嗅觉与听觉均已失灵，完全被视觉主宰，花花绿绿、五彩缤纷，“乱花渐欲迷人眼”。每位摊主均把货品码放得整整齐齐，各种颜色错落有致，这分明不是简单的商品，而是艺术品！

日余晖的逆光里，眯着眼睛打量这座城市，记忆中的那些红屋顶、清真寺、横卧海峡的大桥、飘着星月旗的高塔……都镀上了一层亦幻亦真的金色。

远处归来的海鸥盘旋在白色的渡轮上，远山上的蓝色清真寺被夕阳镀上了金色的剪影，时间仿佛在金角湾忽然慢了下来。在伊斯坦布尔的金角湾，迷人的不仅仅是古老的建筑和历史，还有一种生活态度。

金角湾是伊斯坦布尔的天然屏障，对昔日君士坦丁堡的防卫有着很大的作用，过去曾是拜占庭帝国的海军基地，拜占庭帝国还在金角湾沿岸修建了城墙。

大陆之终，沧海之始

罗卡角

怪石嶙峋的岬角伸向苍茫无边的大海，陆地到此戛然而止。举目四望，游人不多，野草极茂。在隆起的海岸上，灯塔头戴红圆帽，从一组朴实无华的平房中冒出来，格外醒目。这里蓝天无垠，碧海浩瀚。这里就是欧洲人心目中的天涯海角——罗卡角。

不一样的天涯海角

所在地：葡萄牙

特　点：葡萄牙最西端的狭窄悬崖，“陆止于此，海始于斯”的欧洲真正的天涯海角

罗卡角是葡萄牙境内一个毗邻大西洋的海角，位于葡萄牙的最西端，也是整个欧亚大陆的最西点，是一处海拔约 140 米的狭窄悬崖，号称欧洲的天涯海角，曾被网民评为全球最值得去的 50 个地方之一。

在罗卡角可以看到无边无际的大西洋，人们还在罗卡角的山崖上建了一座灯塔和一个面向大洋的十字架。碑上以葡萄牙语写了一句著名的话：“陆止于此，海始于斯。”被誉为“葡萄牙屈原”的诗人卡蒙斯曾深情描绘罗卡角：“海草满头，海鸥在肩。”如果你从里斯本往南而来，可以领略途中风光绮丽的阳光海岸，再沿蜿蜒的山路，穿行于丘陵田园和村镇，直至眼前豁然开朗，呈现一片翠蓝的海天。这里还有明净的空气与毫不吝啬的阳光，一切都美得太不真实。不过，在罗卡角，带给你的震撼除了险峻的悬崖，还有那座石头垒成的纪念碑，它矗立于天地之间，面朝大西洋高高地举起基督的十字架，与灯塔遥相呼应，共同守护着罗卡角。

［罗卡角］

[罗卡角灯塔]
罗卡角的灯塔矗立在陆地的最后一座山岩上，像中世纪的骑士守护着生命和灵魂。

[贝伦塔]
贝伦塔是世界文化遗产之一，它是葡萄牙古老建筑之一，此塔不仅是见证葡萄牙曾经辉煌的历史遗迹，同时也与另外两个防御局点形成犄角之势，遥相呼应。这里曾经是野心勃勃的航海家们的起始点，见证了一个王朝的迅速扩张。

与别处的海岸相比，罗卡角有着非比寻常之处，陡峭的悬崖如同孤独的臂膀伸向海洋，你会有一种走到天边的感觉。罗卡角的游人很少，天涯海角显得寂寞而冷清，这里也常常上演着日落，悲壮而孤单。站在罗卡角，迎着强劲的海风，眼前是一望无际、烟波浩渺的大西洋。这里的海，没有沙滩；这里的风，只有热情的拥抱。这里就是罗卡角，不一样的天涯海角。

历史的守望者

一座丰碑，顶上一个十字架，这是罗卡角最引人注目的标志。站在罗卡角的峭岩上，触目皆是浩渺的烟波，听着大西洋激越的涛声，三面环海，崖高壁陡，风急浪高，四周是茫茫荒野和光秃秃的岩石，而陡峭的悬崖划开了陆地与海洋最鲜明的界线。游人们不远万里从远方前来，就是为了在罗卡角与大西洋的海风与悬崖邂逅一场。

同时，这个不起眼的罗卡角，也曾经引领了席卷欧洲的“大航海时代”和世界“地理大发现”。和葡萄牙人聊天，他们最引以为豪的便是航海和地理大发现，如葡萄牙人麦哲伦首次实现了环球航行，证实了地球是圆的。大航海时代，曾经承载了多少葡萄牙航海家的梦想，人们曾从这里起锚扬帆，劈波斩浪地在蔚蓝色的大海上谱写出华丽的篇章。如今已成为葡萄牙远近闻名景点的罗卡角，它静默地伫立着，接受着来自世界各地的人们的景仰膜拜。海浪卷起尘埃，拍上礁石，溅出朵朵水花，人们站在欧亚大陆的最西端，遥望着海平面，似乎可以看到直线距离的另一端。

除去岩石，罗卡角的风光也是美妙绝伦的。蓝天、白云、帆船、海浪，以及一望无际的大海，还有那翱翔的海鸟，每一个细节都叫人流连忘返。当然，罗卡角最显著的两大自然特征是地势险峻、风劲雾浓。在红顶白墙灯塔的映衬下，荒原和丘陵起伏有致，碎石和山道蜿蜒环绕着海角，狭窄的悬崖上壁立千仞，碧玉波浪惊涛拍岸，气势磅礴且雄伟壮观。更有那来自大西洋无遮无挡的风和复杂多变的海洋性天气，一会儿是蓝天和白云，再过一会儿就狂风大作，浓雾弥漫，还有时不时从远处飘来的一阵阵奇特的雨幕。而游客们往往就沉浸于这样多变而又气魄宏大的美妙感觉之中无法自拔。

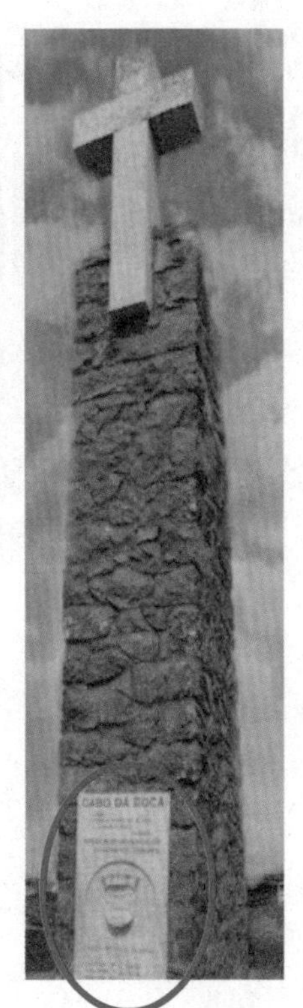

[面向大洋的十字架]

碑上以葡萄牙语写着：陆止于此，海始于斯。

翻开世界地图，葡萄牙的国土犹如一艘驳船停泊在欧洲大陆西南的边缘。而在大西洋之滨的罗卡角，就仿佛是一扇敞亮的舷窗把人们的视野引向辽阔的大西洋，吸引人们前赴后继地去探秘寻访这个海角的神秘和壮阔。

[罗卡角四月二十五号大桥]

葡萄牙为纪念1974年4月25日在“丁香革命”中赢得最终胜利而将Salazar大桥定名为“四月二十五号大桥”。

纤尘不染的希腊蓝宝石

沉船湾

这里被称为希腊的蓝宝石，在名噪一时的热播大剧《太阳的后裔》中，这里是主要场景之一。陡峭的悬崖、清澈蔚蓝的海水、洁白的沙滩间横着一艘锈迹斑斑的老铁船，给人以视觉上的震撼。

[山顶观看沉船湾]

在离沉船湾 400 米高的山顶，从人工修建的小型金属护栏观景台上俯瞰沉船湾，旁边是陡直的峭壁，下面是碧绿的海水和洁白的沙滩，一艘锈迹斑斑的老铁船横在那里，就像突然来到了另一个世界。

所在地：希腊
特　点：陡峭的悬崖、清澈蔚蓝的海水、洁白的沙滩间，看着与美景极不相称的老铁船……

最佳“撩妹”圣地

扎金索斯岛在希腊西部，属于爱奥尼亚海，岛屿的名称取自希腊神话中达耳达诺斯的儿子扎金索斯。这里不仅是黑科林斯葡萄干的原产地，也是世界罕见的蠵龟的天堂。在《太阳的后裔》中，男女主人公最终确立恋爱关系的所有情节都是在这座小岛上拍摄的。

沉船湾位于扎金索斯岛的西北海岸，和扎金索斯岛遥相对望，是一个裸露的小海湾，也被称为“海盗湾”，那里有陡峭的悬崖和澄澈蔚蓝的海水。辽阔的沙滩上，洁白的细沙反射着太阳的光芒，与清澈的海水交相辉映，令人陶醉。附近还有一个“蓝洞”，它因为岩石、海藻和阳光的完美结合而闻名于世。有人称这里是地球上最美丽的地方，也有人把这里称为“天堂之岛”。

希腊著名诗人索罗莫斯曾说，在扎金索斯岛有一个“让人忘记天堂”的地方，毫无疑问，希腊风光的名片沉船湾便是这个地方：在高耸陡峭的石灰石崖壁怀里，一艘锈迹斑驳的破船停靠在一片纯白耀眼的沙滩上，澄澈碧蓝得像“蓝色果冻”一般的海水缓缓延伸出去，与远处的海和天空连成一片，蓝白相间。这里的美难以用言语形容，只是到访过此地的人都说，它的美让人忘记天堂是什么模样。

[扎金索斯岛]

沉船湾是旅行者的乐园，每年都会吸引成千上万的游客纷至沓来。在沉船湾这个美得不似人间的地方，当你真正站上狭窄的观景台，低头放眼望去，小小的港湾一眼望尽，蓝色的海，白色的沙滩，破旧的船只，这天衣无缝的景观搭配，为到访游客带来了极大的视觉震撼。在《太阳的后裔》里，宋仲基曾载着宋慧乔划船来到此地，女主角立刻就被这个美丽的奇观吸引，宋仲基随即用沙滩上的白色鹅卵石定情，所以沉船湾也被网友戏称为最佳“撩妹”圣地。

[沉船湾附近蓝洞]

你可以乘坐船只在沉船湾游览观光，船只激荡起的波浪温和地拍打到人的脸上，让人心神随之荡漾。湛蓝清澈的海水依颜色深浅一一铺开来，延展到很远的远方，四周被高耸洁白的崖壁围绕着，当阳光从峭壁掠过，海水颜色由湛蓝过渡到浅蓝，梦幻之地沉船湾便毫无保留地呈现在眼前。这里来往的船只很多，但难能可贵的是几乎没有什么污染，仍保持着最纯净最宁静的氛围。

[沉船湾的破船]

沉船湾当然得有一首沉船才能以示正宗。不过这艘船并不是沉船。1981年的某天，希腊当局接到线报，在扎金索斯海域有一艘走私违禁品船只，于是警匪之间开始了一场追逐。因为暴风雨天气造成的能见度太低导致这艘船冲上这片海滩而搁浅。事后，船被放弃在了这片白色沙滩上，因几十年的雨打风吹而锈迹斑驳，以至于后来不知情的人们还以为这是一艘承载着传奇故事的海盗沉船呢。

别有洞天的希腊蓝洞

沉船湾是希腊最具象征性的海滩，这里的石灰石悬崖、白色的沙滩和湛蓝清澈的海水经常出现在明信片上，而与它们一起出现的还有一个巨大的蓝色洞穴。

沿着沉船湾行驶几分钟，就能看到一个个错落有致的小岩洞，这里就是扎金索斯岛的“蓝洞”。这个区域相对原始且荒僻，因此也没有像美国蓝洞一样收获无数拥趸。

但这里的蓝洞与美国蓝洞在形成过程上有着异曲同工之妙。由于海水的侵蚀，这里形成了一个类似于盆地的“石窟”，附近区域的海水不断倒灌，最终形成了蓝洞的最终样貌。在蓝洞旁有一座巍峨的拱门，经过数千年的侵蚀，这座拱门上被“雕刻”了大小不同的“石洞”，当阳光打下来，石窟内的澄清蔚蓝的海水闪着晶莹剔透的光芒，看上去纯净得有些不真实。

在希腊人心中，爱琴海最美丽壮观的风光和希腊最原始的风土人情都隐藏在这个小岛之中。在许多文化在希腊已经慢慢消逝的今天，这个岛在经过无数的侵略后仍然保持着希腊的文化传统与习俗，这也让许多希腊人对这里更为依恋，这也许是这个小岛除了自然风景外的另一番风景。

最性感的绝世黑沙滩

维克海滩

一整片黑色的海滩，与浅蓝的海水形成鲜明对比，一个活泼、一个稳重。这里有奇形怪状的玄武岩列、美丽的熔岩地貌以及高耸的悬崖和洞穴。这里就是冰岛最负盛名的性感黑色海滩——维克海滩。

所在地：冰岛
特　点：奇特的岩石、乌黑的沙滩与白色泡沫形成鲜明对比

怪异的温柔

冰岛是一个火山的王国，火山爆发之后喷涌而出的黑色熔岩为黑色海滩的形成创造了得天独厚的自然条件。而维克海滩，就是冰岛最著名的黑沙滩。维克海滩位于维克小镇，维克小镇则位于冰岛最南端，交通便利，处于冰岛国家一号公路旁，距离首都雷克雅未克只有180千米。在镇子后面就是一望无际的大海，享誉世界的维克海滩就遗世独立于此。维克小镇人口不过600人，原本默默无闻，后来因为拥有绝世黑沙滩而闻名于世，吸引了众多的观光旅游者。

维克海滩有着令人震惊的黑沙与卵石，它地处冰岛多雨的最南端附近。维克海滩曾被美国的《群岛杂志》评为世界上十个最美丽的海滩之一，是去冰岛旅游的众多游客最不可错过的旅游胜地，它是维克小镇的瑰宝。这里的每一颗沙粒都黑得通透，黑得天然，海水在阳光下泛着金光，丝毫未受黑色沙滩的影响，水质依旧清澈无比。这里的黑沙其实是颗粒状的火山熔岩，因此没有

［维克海滩］
维克海滩的沙子很黑，黑得通透纯粹，没有杂质，一眼望去平坦深邃，但毫不影响海水的清澈。捧上一把黑沙，再任其在指缝滑落，手却并不会沾染一丝黑色。

淤泥与泥土，也没有任何杂质，捧起一把，满手乌黑发亮，轻轻一抖，黑沙四散，丝毫不染于五指。细小熔岩颗粒形成的黑沙滩，踩上去也非常细腻柔软。事实上，黑沙滩的形成与火山作用有很大的关系，高温岩浆遇海水迅速冷却，形成细小的熔岩颗粒。再加上海浪千百万年的冲刷与海风的侵蚀，最终形成了这般绵绵不绝的黑色的美。

黑沙滩位于维克镇边上，分东西两侧，西侧是Dyrholaey自然保护区，东侧是Reynis岩和黑色海滩。

在乌云密布时分，黑色的沙与海像极了魔鬼的领地，很多摄制组到维克海滩来取景拍摄外星科幻片。而在晴朗之日，享受着大西洋的怀抱，伴着海鸟的鸣叫和温熏的海风，漫步黑沙滩，随手捧起一把黑沙，任沙子在指间温柔流淌，这感觉让人迷醉。

[维克海滩奇石]

大自然的鬼斧神工

维克海滩拥有形状奇特的玄武岩列、美丽的熔岩地貌以及高耸的悬崖和洞穴。海滩上有很多形状奇特的怪石，一条石头堆成的长堤延伸入海，沙滩附近有很多熔岩山，或独自卓然耸立于海中，或连片突兀拔起于滩际。每当海雾升起，在黑色熔岩山的映衬下，维克海滩更诡异。

与黑沙滩相偎相依的黑色熔岩山与黑沙滩一起共同守望着维克小镇和这片唯美的海域。由于它与著名的雷克雅未克大教堂有异曲同工之妙，像极了一架精美的风琴，故而被称为风琴岩峭壁。风琴岩峭壁由深色柱状玄武岩构成，陡峭的玄武岩壁上，悬竖着一根根多棱的柱体，每根直径为 10 ~ 20 厘米，高度为 1 米左右，边缘笔直、锋利，它们整齐而有序地排列，乍看还以为是人为刻凿和拼接而成。这种地质结构叫作柱状节理，是火山熔岩遇海水冷却凝固过程中收缩而

成的产物，当滚滚的岩浆奔腾至陡峭的悬崖边时，迅速俯冲下流，再经严寒的天气让滚烫的岩浆迅速冷却、凝固，周而复始，最终形成独特的风景。柱状岩石峭壁临海而立，令人不禁感叹大自然的鬼斧神工。

维克海滩的对面，则是叫“笔架山”的礁石。它们与黑沙滩隔海相望，遥相呼应。这些孤零零的礁石本是火山熔岩的组成部分，不过因为全球变暖导致水位上升，原本挺拔的高山只剩下了几个山头。海滩西侧，巨大的黑礁石从岸边直接延展入海，形成神奇的海上拱门，悬崖高 120 米，孤悬在北大西洋岸边，旁边还有零散的几块礁石朝海中扩展。所有的黑礁石零散、断续地连着，不完整地阻隔了通向海里的路。海滩的两侧成了海鸟的乐园，北极燕鸥、海鸠、三趾鸥以及冰岛国鸟海鹦等都以此为家。其中，冰岛国鸟海鹦是这里最亮丽的一道风景线。身材矮胖、头大尾短、长有巨大喙的海鹦（也称海雀），群居在维克海滩岸边的悬崖顶端，以潜游捕鱼为生。在黑沙滩，从 4 月末至 9 月初都能看到它们的身影。

维克海滩仿佛一个来自童话中的世界，金色的阳光下，白色的海浪若风琴岩峭壁跳动的音符，从“笔架山”飞来的海鸟唱起歌，温暖的黑沙滩格外耀眼。

[风琴岩峭壁]

数百万年的岁月变迁在玄武岩上留下了鲜明的烙印，风琴状的岩石壮观而异样，居然全都呈整齐的棱柱形逐一排列，乍看还以为是人为刻凿和拼接而成。这是火山熔岩遇海水冷却凝固过程中收缩而成的产物。大自然的鬼斧神工将深色的坚硬玄武岩雕刻成一架精美的风琴，令人惊叹不已。

[笔架山]

冰火两重天的极致尊享

蓝湖温泉

纯白的底，湛蓝的湖，荡漾的波，薄纱似的热气飘浮在湖面上，出浴的人，温泉里的人，犹如童话里天女沐浴的仙境。事实上，这里不是仙境，而是宛如仙境的冰岛蓝湖温泉。

所在地：冰岛
特　点：蓝色的湖，水面上的蒸汽袅袅，如同仙境一般美丽
…

[蓝湖温泉指示牌]

冰岛地下热流滚滚，仅天然温泉就有800多处，据说在冰岛87%的家庭都是用温泉来洗澡的。

蓝湖温泉是冰岛著名的地热温泉，位于冰岛的西南部，是冰岛最大的旅游景点之一。大自然隐藏的能量在蓝湖显露无遗。即使是冬天，四周一片冰天雪地，湖里却仍是热气腾腾，让你能获得冰火两重天的极致享受。

或许提起冰岛会让你联想到冰，但冰岛到处是可触摸到的“火”，这里温泉、火山比比皆是。蓝湖温泉坐落于一片广袤的黑色岩石中，如同一位美丽的少女，安静地在那里驻足。去蓝湖泡温泉，也是拜访冰岛最平常的开始方式，却也打开了冰岛最美丽的一扇窗。蓝湖边熔岩高低突兀、弯弯曲曲，近处的山、远处的冰川，湖面大的套着小的，一圈又一圈。白色的湖底将浅蓝色的湖水映衬得格外纯净，比照片中更加动人，让人心驰神往。蓝湖的颜色是蓝色的，被袅袅的雾气化开，充满了诱惑的味道。

从雷克雅未克机场到蓝湖的路上，你可以看到自然景观的明显变化，靠海岸公路旁偶有小渔村；进入内陆后，公路两旁变得荒凉，一望无际的火山熔岩上长满苔藓植物，像大地铺上一层软软的地毯。直至抵达世界著名的露天温泉——蓝湖温泉，即使在雪花飘飞的冬季，

你依然可以看到湖面热气弥漫，如烟似雾。蓝湖水温平均为 40℃左右，水中含有丰富的矿物质，在此泡温泉，不仅可以治疗多种身体疾病，更可以放松身心、消除疲劳、美容护肤。因此，蓝湖温泉也被评为“世界十大顶级疗养温泉”之首，是当之无愧的“天然美容院”。

[火山岩石的矿物质]
如果希望汲取到更多的矿物质成分，不妨在火山岩石附近浸泡。因为火山岩石的矿物质已经溶解在温泉水中。

炎炎夏日，冰岛是消暑的好去处。而雪花飘落之时，也是蓝湖最美丽的时刻。一边享受着“温泉水滑洗凝脂”，一边感受着冰雪击碎温泉雾气的清灵，抬头闻闻雪的味道，转身看看远处冰川、山脉，把自己融入其中，感觉仿佛沉浸在仙境世界里，给人一种冰火两重天的极致体验。

[蓝湖温泉的瀑布]
蓝湖温泉的瀑布据说对于颈椎有很好的按摩治疗作用。

蓝湖温泉是一个令人心醉的地方，到访过的游人都会对它永生难忘。因为不论是谁，都无法忘记那片似乎只应该在梦中或仙境出现的美丽与最纯净的蓝色。

通常在蓝湖温泉泡完后会感到全身皮肤紧绷，那是因为矽有护肤之功效，同时还能治疗一些严重的肌肤疾病。如果水性好，还可潜水去挖白色的温泉泥涂在脸及身体上，据说能美颜健体，有纯天然的护肤功效。

来自上帝之手的杰作

大教堂海滩

西班牙加利西斯亚地区有这样一个海滩，它多次被西方各大媒体评为西班牙最美海滩。日复一日地潮起潮落，造就了它如同大教堂般的形态，美得恍若出自上帝之手。这个海滩也因此而得名大教堂海滩。

所在地：西班牙
特　点：一条由高度超过32米的悬崖组成的海岸线
…

西班牙位于欧洲西南的伊比利亚半岛，在其北部有一个奇特而美丽的海滩，名为“大教堂海滩”。

大教堂海滩位于西班牙卢戈省的海岸，毗邻海滨小镇里瓦德奥，是被西班牙海滩质量认证的蓝旗标准（西班牙海滩质量评级，蓝旗为最佳）。这里的岩石样貌奇特，而且数量惊人。这里拥有众多神秘的迷洞，是西班牙唯一一个如此集中的岩石群。准确地说，大教堂海滩是一条由高度超过 32 米的悬崖组成的海岸线。这个海滩其实就是大西洋几百万年来造就的艺术杰作的展览大厅，岩石都是很典型的页岩。

由于独特的地理位置，大教堂海滩的潮汐水位落差很大，为 8~6 米。岩石迷谷在涨潮时几乎什么也看不到，全部藏于水下，所以最好在退潮时参观。由于巨大的岩石被海浪拍打侵蚀，形成了一处处镂空的拱形石窟，进入后好像一个天然、阴森的教堂，因此得名“大教堂海滩”。此处海滩也是世界排名第六、欧洲排名第二的海滩。每一个游客都可以目睹潮涨潮落时大教堂海滩变化的整个过程。涨潮时，站在高处可以望见由西向东延伸的悬崖顶端，退潮时岩洞和石拱则裸露出来，可以走下峭壁，踏上软绵绵的沙滩。

[大教堂海滩巨石拱门]

大教堂海滩其实就是大西洋几百万年来造就的艺术杰作的展览大厅，这里的岩石都是很典型的页岩，岩石的独特造型都是被风蚀、海蚀后的结果。

大教堂海滩因为常年经受海风的侵蚀和海水潮起潮落作用，形成了许多形态各异的岩洞和拱门，以及细滑如丝的沙滩。根据一天太阳位置的高低不同，阳光照射在沙滩上反射的颜色也是斑斓多彩的。大门洞是大教堂海滩最有代表性的建筑物，游客们纷纷在这里合影留念，赞叹大自然的鬼斧神工。你可以穿过巨石拱门走廊仰望天空，也可以走进奇形怪状的洞穴一探究竟。里面有一些低洼的水坑还残留着没有退去的海水，有些很深，可以游泳，水温会比大海里高不少。

不过在直奔大教堂海滩前，它所属的省会城市卢戈也是值得光顾的。卢戈位于西班牙西北部山区，属于加利西亚大区。卢戈古城拥有世界上保存最完整的古罗马城墙，高大的城墙是用片岩砌成的，全长达 2140 米，从城墙向外突出的 85 个半圆形石堡现仍保存 50 个。此城是公元 3 世纪时罗马人建成的，城墙上有一条完整的步行道，绕城一圈需要 30 分钟。2000 年此古城被列为世界文化遗产。

[大教堂海滩大门洞]
弓状的岩石和大教堂的飞檐很像。

日复一日地潮起潮落，造就了大教堂海滩如同大教堂般的形态，其雄伟壮阔，蔚为壮观，恍如出自上帝之手。它是个不负盛名的休闲度假的好地方，美丽而奇特的大教堂海滩，绝对会给你的避暑之行带来无限乐趣。

[大教堂海滩奇形怪状的洞穴]
这里的岩石样貌奇特，而且有众多迷洞，只有在每天退潮的时候才能看到，涨潮的时候几乎什么都看不到，全部藏在水下了。

收获生命中的一米阳光

太阳海岸

以阳光沙滩著称的西班牙太阳海岸，没有分明的四季，夏季是这里最长情的陪伴。伴着清新的空气、温柔的海风、明媚的阳光，这里是欧洲人首选的度假胜地和养老场所，被誉为世界六大完美海滩之一。

所在地：西班牙

特　点：被评为世界六大完美海滩之一的海岸拥有你能想到的所有美丽……

[太阳海岸位置]

安达卢西亚绵延800多千米的海岸分为四大海岸，从东至西有阿尔梅里亚海岸、格拉纳达的热带海岸，再到马拉加的太阳海岸及加的斯和韦尔瓦的阳光海岸。这四大海岸都是西班牙著名的海滩度假地，其中太阳海岸最为著名。

太阳海岸是欧洲最受欢迎的海岸线之一，位于西班牙南部的安达卢西亚，面朝地中海，与非洲的摩洛哥隔海相望。这里属于地中海气候，气候温和，阳光充足，全年日照天数达300天以上，故称为“太阳海岸”。

太阳海岸长200多千米，连接近百个中小城镇，还有一连串的海滩。这里的海滩沙质极好，地中海的海水宁静而温暖，这里的天空是一种闪光的钴蓝色，平静的地中海海面在天晴时显现的也是一种沉甸甸的灰蓝色，十分迷人。你可以赤脚踩在蓝天白云下的地中海海滩上，贪婪地呼吸着带着淡淡海水腥味的空气。海底生活水族馆拥有许多海底隧道，当游人从中穿过的时候，仿佛置

[太阳海岸]

［马拉加太阳海岸］

身在海底，成千上万种海洋生物就在游人的身边自由自在地游来游去。

作为“世界六大完美海滩”之一的太阳海岸，除了有地中海明媚的阳光、碧蓝的天空、绚烂的色彩以及终年温暖的宜人气候，自西向东连绵不绝的70多座大大小小的高尔夫球场也是它的代名词。因此，太阳海岸也被称为阳光下的高尔夫海岸，被称为高尔夫之乡。这里得天独厚的自然环境和四季宜人的特殊地中海气候也为高尔夫爱好者们提供了先决条件。一个个大大小小的高尔夫俱乐部交错散落在与地中海相连的山坡上，铺着绿色的柔软的地毯，让来到这里的游人们在清净内心的同时又可以锻炼体魄，情不自禁地爱上这里的阳光，爱上高尔夫，也爱上太阳海岸。

毕加索曾经说过，没见过马拉加阳光的人没有见过真正的阳光。作为一个出生并在马拉加度过童年时光的伟大艺术家，毕加索的作画灵感少不了马拉加的帮助。

太阳海岸连接的各个城镇，曾被阿拉伯人统治了近900年，因此到处留有阿拉伯特色的素色建筑，就好像《一千零一夜》里所描述的阿拉伯宫殿那般神秘而引人遐想。当然除了风光旖旎的海滩景色、明媚和煦的阳光以及独特的建筑特色，船舶停靠的码头和海港同样也是堪称完美。码头和海港随时停泊着数百艘私人游艇或者出租游艇，你可以忘却一切烦忧，光着脚丫踩在游艇光滑的甲板上，迎着太阳乘风踏浪。不仅如此，如果你喜爱水上运动，还可以在此享受滑冰、皮划艇、海钓、潜水等众多惊奇的水上项目，让人乐此不疲！

入夜以后的太阳海岸则是平静而深邃的，心动的人儿，去到温柔的月光下，尽情享受生活的美好吧！

马拉加几乎每个月都有特别的节假日，人们都会去太阳海岸热闹一下。

三王节：每年的1月6号，是西班牙的传统节日，传说是“东方三王”向圣婴耶稣献礼的日子。

狂欢节：每年2月，当地人会穿传统服饰，如弗朗明哥舞的裙子，小朋友会打扮得非常可爱，大人们都精心打扮，不过有的非常夸张。

圣周：一般在每年3月底4月初，复活节前一周。圣周是马拉加最重要的两个节日之一，另一个是圣诞节。

圣胡安节：每年6月23号，这天是一年中最长的一天，晚上人们会来到海滩边，传统是烧提前准备的用纸做的一些物品，也有音乐表演焰火，这几年他们也开始流行放孔明灯。在午夜，人们会去海里踩水，传统说法是踩了海水后，这一年就会有好运。

马拉加节：每年的8月，在市中心范围有很多游行表演。市中心附近还有一个游乐场和美食集市。夏季的马拉加热闹非凡。

不眠夜：每年5月中旬左右，在当天人们晚上出门，所有剧院音乐会、博物馆都免费参观。

西班牙电影节：每年6月，在塞万提斯剧场有许多西班牙电影的推广活动。

斗牛：在 malaga 斗牛场，marbella 或者 torremolino 不定期有斗牛表演。

[马拉加太阳海岸]

最接近仙境的地方

米尔托斯海滩

米尔托斯海滩是全球公认的希腊最美海滩，姣好的白色沙滩被高耸奇异的悬崖切割成布满鹅卵石的海滩，令人叹为观止，这里也是观看日出和日落的理想之地。

米尔托斯海滩位于希腊的凯法利尼亚岛，这里曾12次获得希腊最佳海滩的称号。2500米长的海岸线呈圆弧状，海滩自然要有数不清的白“沙”，但这里的“沙”却与众不同，这里的“沙”其实是若干被打磨得异常圆滑的石子。因此，米尔托斯海滩上布满了光洁透亮的白色鹅卵石，在阳光的照耀下，白色的鹅卵石一直延伸进湛蓝的海水，即便是悬崖峭壁也丝毫不损其美感。

所在地：希腊

特　点：山、石、海，和谐而统一的存在

…

米尔托斯海滩有着惊人的美景，这里的纯白色和深蓝色绚丽夺目，到处都充斥着浪漫的气息。你可以开车沿着海滩的海岸线行驶，窗外便是米尔托斯海滩最美的风景，还可以偶尔在悬崖边见到挂着铃铛的高山羊群，因为地势相对较低，那一望无际的海仿佛伸手可及。

与热闹拥挤的圣托里尼岛不同，凯法利尼亚岛的大多数海滩并无游人光顾，而米尔托斯海滩是游人较多的一处海滩，位于一片悬崖的下方。这里的海水像着了魔似的透明、碧蓝，相比于其他海域，这里的海水更轻薄、更纯粹，也更亲近。悠闲的人们常沿着海边漫步，每当太阳升起，清透的阳光将沙滩照耀得异常醒目，游人在此与蓝缎子般的海水共度一阵子的时光。

[米尔托斯海滩]

[红沙滩和小石子]

通往天堂的地方

红沙滩

红沙滩是圣托里尼最美丽的沙滩之一，这是一片景致迷人的美丽海滩。这里有大片的红色裸岩，在阳光的照耀下显得更加神奇和耀眼。

所在地：希腊
特　点：难以想象的红沙滩，有深红似血般的岩石
…

圣托里尼的沙滩有红沙滩、白沙滩、黑沙滩和五色杂色沙滩，全都是由于火山喷发后形成的，之所以呈现不同的颜色是因为形成沙粒的岩石中所含的矿物质成分不同，经过漫长的岁月氧化而成。其中以阿克罗提尼的红沙滩和卡马利黑沙滩最为著名。

红沙滩位于圣托里尼南端的阿克罗提尼旁，与最北端的伊亚小镇相对，在月牙形的圣托里尼岛的另一端，是一片景致迷人的美丽海滩，是圣托里尼最美丽的沙滩之一，并成为圣托里尼的知名必游景点。据说红沙滩相当罕见，仅在夏威夷的茂宜岛、希腊的圣托里尼岛等地才可以觅得它的踪迹。

圣托里尼岛的红沙滩像一个悬崖边的海湾，是一条狭长的地带，由于细沙与海边的山崖呈现火红的色泽而得名。红沙滩形成于沙滩后面深红色的岩石，由于深红色的岩石富含铁物质，是黑色的火山石里的磁铁矿经过漫长岁月氧化而成，呈现出迷人的红色，与碧海蓝天间的色彩形成强烈的对比。沙子在阳光下闪耀着让人炫目的光，让人仿佛置身于外星球。红色的火山岩在结构上类似浮石，质地较轻，并没有经过海浪的暴烈打磨，因而沙粒比较粗糙。红沙滩不大，沙子也比较粗，非常硌脚。沙子越靠近山边越粗糙，越靠近海边则越细腻。这里的海水非常清澈、透亮、干净，再加上沙滩独特的红色，使这里游人如织。因为浪比较小，这个沙滩适合游泳和浮潜。每天在沙滩上会有很多沙滩椅出租，一张张沙滩椅整齐有序地排列着，每张躺椅上都躺着悠闲度假的游人。旅游旺季，红沙滩上人山人海，有游泳的、坐船的，也有享受日光浴的，以及在遮阳伞下的躺椅上休息的。

红沙滩名字由来可能是下面两个原因：

一是这里的岩石整个是红色的，估计铁的含量比较高。

二是这里海岸边有很多小颗粒的红色石头，远远望去是一片红色。

[依红色的火山岩而建的白色的建筑]

红沙滩后面被红色的悬崖环抱，非常奇特。红崖是由于火山爆发所形成的，地处偏僻，周围荒无人烟，陡峭的红色火山熔岩断层煞是危险，游人要格外小心。事实上，圣托里尼岛到处都是黑色的沙子、宝石蓝和暗红的火山岩峭壁。游客只可以坐船或步行才能到达红海滩。过去这片海滩由于比较私密，周围都是悬崖，因此一直是一个天体浴场。不过后来随着中国游客不断云集，这片外国人的裸睡地已一去不复返。因为中国游客比较传统，没有勇气裸体下海或晒太阳。

离红沙滩不远处有个观爱琴海日落的绝佳处，这里做了许多半圆弧的拱形门框，据说可以根据日落时不同的高度，太阳会分别落在这些拱门内。

圣托里尼的红沙滩是到访希腊的游人绝不可错过的景点，金色的阳光照耀着红色的沙滩，流光溢彩，这里有人间仙境般的美丽景点，是通往天堂的地方。

欧洲最干净的海滩

伯恩茅斯海滩

这里的海水蓝得如同蓝宝石一般，这里气候宜人，拥有得天独厚的绝美风光，环境干净而优美。这里是伯恩茅斯海滩——一个绵延 17.7 千米长的新月形金色海滩，也是闻名遐迩的“英国花园海岸”。

所在地：英国
特　点：海水蓝得如同蓝宝石一般，气候宜人，拥有得天独厚的绝美风光，环境干净而优美
…

伯恩茅斯海滩位于英格兰西南部，是英格兰著名的海滨度假胜地，因拥有绵延的侏罗纪时期的海岸而被列入世界自然遗产。这里气候温和宜人，环境干净优美，治安很好，是欧洲最干净、最安全的海滩之一，夏季很多世界各地的游人因被这里绝美的海景吸引而过来休闲、娱乐、度假。

伯恩茅斯海滩是一个绵延 17.7 千米的新月形沙滩，这里人流熙熙攘攘，海水波光粼粼，别有一番风味。海滩上沙质非常细腻，沙软潮平，赤脚走在曲折平坦的海滩上，就像踩在面粉上那般细滑如丝，两边的悬崖就像伸展的双臂把蓝莹莹的大海拥入怀中。

夏天是伯恩茅斯的旅游旺季，熙熙攘攘的人群流入这个美丽绝伦的海滩。游人们沿着金色的海滩悠闲漫步，尽情嗅着大海的气息，走累了，就躺在洁净的沙滩上，闭目养神，把自己陷入美好的思绪中，碧蓝的天和海水，还有温暖的阳光和自由自在飞翔的海鸥，一切都是如此的美好和惬意。在这里，你可以欣赏到各种海洋生物，探索海洋的神秘或者来一场刺激的海洋冒险，还可以惬意地躺在海边的五彩小木屋里，观看一年一度热闹非凡的飞行表演。在这碧海金滩上享受阳光，或是聆听海浪，每一种体验都会让你流连忘返。

[伯恩茅斯海滩]

[伯恩茅斯海滩小屋]

1909 年，伯恩茅斯建立了英国第一个地方公用的海滨小屋。如今 8.8 千米长的伯恩茅斯海滩分布了 2000 个各种类型的海滩小屋——大概 70% 隶属私人，其他则由城市委员会运营。

现实中的冰河世纪

杰古沙龙湖

寂静的湖面上漂浮着晶莹剔透、色彩纷呈、形状各异的巨型冰块，这些冰块大多蓝黑相间，有灰黑色的纹理，乍看好似一块块巨型大理石。这里是一个童话般的世界，这里是杰古沙龙湖——一个无与伦比的冰湖。

在欧洲最大冰原瓦特纳冰原的南端，即冰岛东南部，有一个梦幻般的地方叫杰古沙龙湖，也叫冰河湖。这是冰岛最大、最著名的冰川湖，是一个梦幻与刺激同在的绝美世界，是现实中的冰河世纪。这里有黑色的沙滩，还有泛着柔和白光的陆地，因为它的过分美丽和独特美景，很多电影如《古墓丽影》《权力的游戏》等都在这里取景。

所在地：冰岛
特　点：黑色的沙滩，白色的陆地，这是一个梦幻与刺激同在的绝美世界
…

杰古沙龙湖有独特旖旎的风光，称得上是冰岛独特的标志之一。这里不是一整块大的冰川，而是分崩离析成无数巨大的冰块，晶莹剔透、色彩斑斓的冰块漂浮在湖面上，使冰湖也呈现不同的颜色，白色显得洁净，淡蓝色透着高贵，黑色沙滩则蕴含着庄严与肃穆，所有的颜色集结在一起，神秘而诡谲。

在这里，游人可以选择自己喜欢的破冰船在冰川之中游动，堆砌的冰川在穿行的游船下渐渐缴械投降，偶

[入海处架有一座桥]

大桥一边是冰湖，另一边则是入海口的沙滩。

尔还会看到绿松石样色彩斑斓的奇形怪状的冰川开裂，漂浮在寂静的湖面上，闪耀着夺目的流光。冰河湖的湖水湛蓝而清澈，冰河、形状各异的冰雕，与海滩上的黑色火山泥沙形成鲜明的对比。天地间一片苍茫辽阔，衬得游人格外渺小。也正是这霸道而壮观的冰川之景，仿佛能控制你的思维、吞噬你的灵魂，在这极度冷酷的仙境面前、你能体会到重返遥远冰河时代的独特的时光之旅。

杰古沙龙湖岸的沙滩。布满了大量纯净而晶莹剔透的千年冰块，它们甚至可以直接敲碎食用。由于冰块下方是火山岩，因此这里的沙滩大多是黑色的，连冰块也是晶莹剔透的黑。阴霾的天气是这里的常态，乌云之下的冰河湖，仿佛被施了魔法般诡异寒峻。那些散发着幽幽蓝光的寒冰，让人心生敬畏，恍若让人进入了时空隧道，重返遥远的冰河世纪。而鸥鸟的到来则打破了冰河世纪的寂静，涨潮时会带来数不胜数的小鱼儿，于是成千上万的捕食者从海上飞来享用美食，它们不断钻入水中觅食，上下飞舞，与冰川缠绵不休。如果仔细观察，你还可以发现海豹。

杰古沙龙湖是个深达 200 多米的冰河潟湖，湖面上常年漂浮着从冰川主体上掉落下来的巨大冰块，这是大自然鬼斧神工创作的冰雕作品，宛如颗颗硕大的蓝色水晶，晶莹剔透，让人仿若置身在童话梦境中。冰河湖毗邻环岛公路，入海处架有一座桥，桥的一面是漂浮着冰块的冰河湖，另一面却是搁浅着许多大冰块的黑沙滩，如此奇观，吸引了来自世界各地的优秀摄影师来此拍摄独特的黑沙滩和美丽的日落。

在杰古沙龙湖完成拍摄的电影，除了两部007经典系列的《择日而亡》和《雷霆杀机》之外，还有著名的《古墓丽影》与2005年的好莱坞大片《蝙蝠侠：侠影之谜》。除此之外，还有很多商业广告和音乐短片也都是在冰河湖取景拍摄的，如美国乐队 Bon Iver 的歌曲《Holocene》、贾斯汀比伯的《I'll show you》，以及印度明星 Shah Rukh Khan、Kajol 主演的宝莱坞电影《Dilwali》中的一段音乐短片《Gerua》。华语娱乐圈内，许哲佩早年的 MV《白色婚礼》，以及内地尚雯婕的《星光》，也都曾在杰古沙龙湖取景。

被大自然万般宠爱的海滩

阿尔加维海滩

这里的海滩类型众多，既有曲径通幽隐蔽的海滩，也有热闹的海滩，是水上运动的理想场所。极佳的海滨风光，舒适温和宜人的气候，使阿尔加维海滩成为葡萄牙最受欢迎的度假胜地。

阿尔加维海滩位于葡萄牙的东南部，是世界上最美丽的海滩之一，这里海滨附近的旖旎风光与建筑的色彩相当明快艳丽，美得令人目不暇接。

阿尔加维海滩靠近地中海出海口，属于亚热带海洋气候，风景宜人，气候也极其温和宜人。这里一年有 300 多天的充沛日照，白色的沙滩、海岸上的石灰岩洞穴，以及潟湖，组合在一起就是一幅美丽绝伦的风景画，使之轻而易举地成为世界著名的度假旅游胜地。在绵延 200 余千米的海岸线上，既有长长的偎依在金色峭壁之间的绝美沙滩，也有蜗居在岩石之中的小小海湾，锯齿状的岩石构造、礁湖以及大量的沙滩海岸，再加上碧空万里、悬崖兀立，蔚为壮观，令人惊叹大自然的鬼斧神工。

所在地：葡萄牙

特　点：绵延的海岸线，金色峭壁间充斥着绝美的沙滩，还有蜗居在岩石中的小小海湾，矗立其中，美得让人不敢置信…

[阿尔加维海岸和谐共存的建筑]

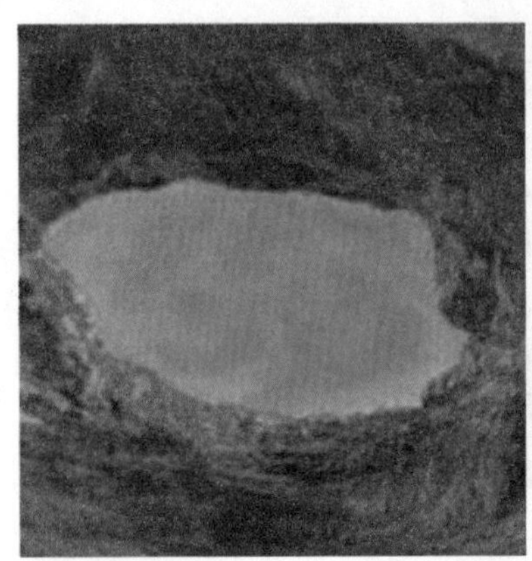

[阿尔加维海岸边的洞穴及腐蚀的岩石]

阿尔加维海岸从阿连特茹海岸的维森蒂娜海岸自然公园开始。

在奥德塞希和萨格里什之间，你很难想象得出自己是在阿尔加维，这里与阿尔加维东部和中部有太多不同。这里人迹罕至，高耸的悬崖将阿莫雷拉、蒙特－克莱里古、阿里法纳和卡拉帕泰拉海滩深藏。有些海滩就像有待发现的秘境，须经隐藏的小径方可进入。

阿尔加维海滩也被评为世界上最适合退休后居住的地点。这里绿树丛丛，阳光普照，蔓延的绿色和遍地种植的无花果树、橄榄树以及杏仁树，给你满满的幸福感。这里的海水平静、温和，小渔村、海港同样悠闲而宁静。海滩的类型也众多，有天然隐秘、游人稀少的海滩，有热闹的海滩，也有视野开阔的海滩。在阿尔加维所有的海滩中，最独特的要数洞穴海滩了。在洞穴海滩，将细软的沙滩踩在脚下，海水轻轻荡漾开来。进入洞穴寻幽探秘让人仿佛进入了一个与世隔绝的独立空间。洞穴海滩是经过长时间的海水腐蚀和风化才渐渐形成的世界奇观，只能通过水路到达此处。阳光从洞穴顶端的大洞穿射进来，映衬着蔚蓝的海水，构成了难得一见的奇观。

除了欣赏迷人的海洋风光，你还可以在阿尔加维海滩享受到众多好玩有趣的水上项目。你可以在有堡垒庇护的简陋小屋旁的巨大水湾中潜水，也可以用冲浪板和摩托艇进行水上运动。这里是未经污染的自然一角，风景如画，在清冽的海水之中游泳或者看看海上日出，这一切都让你远离尘世喧嚣，尽享静谧时光。

[海滩边上的建筑]

洒落在地中海的明珠

蔚蓝海岸

蓝色的地中海、金红的阳光、珍珠灰的海滩，把法国蔚蓝海岸映衬得浪漫十足、风情万种。这里气候宜人，蓝色海岸依山傍海，海岸线曲折多湾，阳光灿烂，植被丰富，这片大海的蓝色让所有见过它的人都一见钟情，深深爱恋。

[三面环山的尼斯的海岸]

蔚蓝海岸是法国东南沿海一带最美丽的一段海岸线的名字，毗邻意大利。在长达 180 千米的蔚蓝海岸线上，呈现两种截然不同的地貌特征：海洋与山脉共存，景致美妙而独特。在这里终年灿烂的阳光下，水天相接的无边蔚蓝，令整个蔚蓝海岸别有风情。

绵长的蔚蓝海岸连接着很多风光旖旎的城镇和海湾，各具特色：格拉斯是闻名遐迩的“香水之都”；戛纳则以著名的电影节著称；尼斯是蔚蓝海岸的中心城镇。它是整个欧洲最著名、最时尚的度假胜地，也是众多电影拍摄的取景地。

欧洲上流社会流传着这样一个传说：法国有一个令人神往的“世界”——蔚蓝海岸区，那里有浓郁的南欧风情；那里没有冬季，常年温柔的阳光，毫不吝啬地洒在每一个到此享受假期的人身上。

所在地：法国

特　点：绵长的蔚蓝海岸连接着很多风光旖旎的城镇和海湾

…

蔚蓝海岸得名于一部发表于 1888 年的同名小说，作者为 Stephen Liegeard。Azur(意为蔚蓝色) 从此永久流传。Stephen 出生于第戎，在第戎有美丽的黄金海岸，因此蔚蓝海岸很可能正由此演变而来。

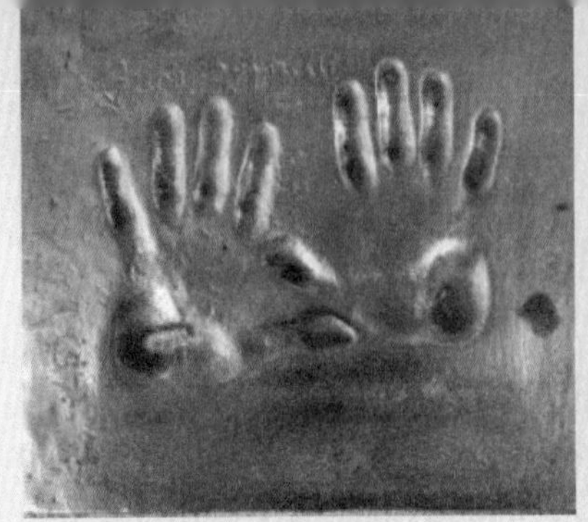

[海岸边的戛纳电影星光大道]

星光大道是到戛纳不可错过的景点之一，位于影节宫旁，可以在这里看到许多明星在人行道上按下的手印，现在已经累计有300多个了。

尼斯的传说是由一对温情脉脉的父女写成的。

传说在很多年以前，有一位英国绅士的漂亮女儿患有一种严重的疾病，需要精心疗养，于是他带着女儿乘船四处寻觅，希望能够找到一片阳光充足、温暖宜人的幽静天地。在颠簸了数千里之后，终于在法国南部的地中海边找到了一处蓝天白云环绕、花团锦簇的港湾，漂泊寻觅许久的疲惫父女，就在这冬暖夏凉的迷人处定居养病。美丽的尼斯也因此名声远扬，后人就把这个世外桃源叫作 nice（美好的地方）。

从18世纪开始，蔚蓝海岸就成为皇亲贵族、富贾名流最时髦的度假胜地。

尼斯以其全年温和的地中海气候、灿烂的阳光、悠长的石滩，以及裸体晒太阳的美女而闻名。有人这样形容尼斯：“尼斯是个懒人城、闲人城、老人城、无聊城。”

尼斯的海岸三面环山，一面临海，是除巴黎之外的法国第二大旅游城市。这里气候温和宜人，冬暖夏凉，吸引了大批游客前来。天使湾是尼斯最美的一段海岸线，上面遍布圆滑的鹅卵石，它的形状似天使的翅膀，弧线勾勒出完美的海滩，世界上很少有弧度如此优美的海岸线。湾内海水平静清澈，沿着天使湾漫步，常常可以看到进行日光浴的人们。尼斯是一片大自然赐予的纯净天地，有如世外桃源。

戛纳则是以戛纳电影节而闻名于世，每到5月，这里众星云集，热闹非凡。当然，这里有温和的气候、明媚的阳光、优美的海滩以及可口的美食，这里还拥有蔚蓝的大海、葱翠入云的棕树、豪华的酒店、风光旖旎的夜总会，值得游人驻足。

蔚蓝海岸是独一无二的，这是一片美丽而又优雅的土地。人们温馨的生活、醉人的光影、无穷无尽丰富多

[戛纳夜总会]

样的景观和温和的气候，使之成为一个充满自由与艺术的乐园。提起它，人们心驰神往，它是镶嵌在地中海的一颗璀璨明珠。地中海亚热带气候让它拥有热烈的阳光、得天独厚的气候条件，还有优质美丽的海滩，是欧洲最具魅力的黄金海岸。湛蓝的地中海以及远处海中的白色帆影，是地中海风光明信片中最经典的画面，在蔚蓝海岸，你的眼前随处

[海岸边上众多的餐厅]

戛纳的美食也是全法国最有名的之一。不大的戛纳城有300 多家地中海菜肴特色的餐厅。

[海岸边的棕榈树]

充斥着这样风光旖旎的“明信片”。另外，伴随着暖阳映照、棕榈树影婆娑和阵阵似远而近的海浪声，你可以玩水、晒太阳，也可以体验各种刺激的水上活动，如水上降落伞、滑水、潜水等，无论你选择哪一种方式欣赏蔚蓝海岸，都会毫无遗憾、尽兴而归。

蔚蓝海岸的蓝让人屏息，它蓝得无法形容，是一种从天到地没有隔阂、清透纯洁的蓝。远处白帆点点，近处海鸥在蔚蓝的海面上自由翱翔，宛若一幅美丽动人的油画落于眼前。

[摩纳哥的游艇]

蔚蓝海岸上的摩纳哥是个建在悬崖上的小国，依山傍海，景色宜人，更是个奢华之国。摩纳哥太袖珍了，连国界线都难划定，游人基本分辨不出来。

地中海的乐园

马略卡海滩

[马卡略海滩]

沙滩洁净，海岸线迷人，阳光充足，气候宜人，这里风景如画，景色壮丽，西班牙美食和乡村的静谧尽显魅力。这里是西班牙的美丽海滩——马略卡海滩，一个著名的海滩度假旅游胜地。

所在地：西班牙
特　点：一个可以让人怎样形容都不过分的海滩，一个男人从不匆忙、女人永不衰老的梦幻世界

马略卡海滩位于西班牙的巴利阿里群岛，它是一个世界顶级的海滩。西班牙著名画家、作家圣地亚哥曾这样形容马卡略海滩："跟随我来这个宁静之岛，那里男人从不匆忙、女人永不衰老；那里的美景再怎么形容也不过分；那里终日阳光灿烂，就连月亮也是缓缓升起，迟迟移动。"

马卡略海滩拥有湛蓝的海水、象牙白般的云朵，还有绿油油的橄榄树，金黄灿烂的橘子，如同凡·高笔下的画，有浓郁得化不开的美。事实上，马卡略海滩明媚的阳光、蔚蓝的天空，以及橄榄枝摇曳的风姿，随遇而安的洁白沙滩，还有拍打着悬崖的湛蓝海水融合在一起，常被描绘成一幅美妙绝伦而又宁静悠远的油画。在这里，陡峭的悬崖间繁密分布着美丽的小山镇，站在海滩眺望小镇风光，海滨楼阁、城堡以及棕榈树等一幕幕多姿多彩的热带风光尽收眼底。

如下马略卡的大小海滩有很多，比较值得推荐的如下：

罗姆巴德海滩：一个狭长的小海湾，海滩上铺着白色的沙子，立着高大的松树，礁石上还有摇晃的棚屋。

吐温特海滩：被松树和普伊赫主峰环绕。海滩上不但有沙，还有很多鹅卵石，可以远眺桑特洛伦斯小教堂。

德拉海滩：这里的岩石峭壁沿着海岸曲线分布，就像一个神秘的隐蔽天堂。一些名人也慕名来此。

穆罗海滩：这儿有绵延不绝的金色柔软沙滩。很多酒店就散布在沙丘松树之间。这儿是蓝旗海滩，设施完备，为残疾人进出提供便利。

托塔海滩：这里有着柔细的白沙、蓝绿色海水，一幅闲适恬静的景象。

[西峡湾风景]

世界尽头的秘境 西峡湾

沿着蜿蜒漫长的海岸线，远离喧嚣的闹市以及熙攘的人群，这里有宁静且摄人心魄的美感，踏入西峡湾，仿佛进入了世界尽头的秘境。

神秘的西峡湾位于冰岛的西北角，是现今保存最为完好的“秘密宝石”。这里有着与世隔绝的原生自然景观，这里是美得不可方物的净土，这里也是探险爱好者和猎奇旅游者们的必游之地。由于被高纬度的海域环绕，受到暖流浸润，再加上地形多变、人烟稀少，西峡湾乃至整个冰岛地区才得以拥有如此宜人的气候、奇异的景致和原始而纯净的自然风貌。

在西峡湾，冰岛的旖旎风光达到登峰造极的地步，绝世美景让人目不暇接。崎岖的悬崖峭壁和一望无际的辽阔海滩环绕着西峡湾的南部地区，而蜿蜒的土路则顺着弯弯曲曲的海岸线不断延伸开来，微风中带着淡淡气息的海水拍打着古朴的渔村，静谧得与世无争。

所在地：冰岛

特　点：高山和幽谷、瀑布和浅滩，崎岖的悬崖峭壁和一望无际的辽阔海滩，还有在悬崖峭壁边盘旋的海鸟，组成了宁静的西峡湾

[拉特拉尔海角]

[北方塘鹅]

拉特拉尔海角聚居着成千上万的鸟类，其中包括北大西洋最大的海鸟——北方塘鹅、冰岛国鸟——北极海鹦，以及北极绒鸭、海雀北极燕鸥等。

[北方海鹦]

[北极绒鸭]

[丁扬迪瀑布]

位于欧洲最西端的拉特拉尔海角是西峡湾的一大奇景。它是世界上最大的鸟类栖息悬崖，同时也是最著名的观鸟胜地之一。在拉特拉尔海角，不仅聚集着成千上万的鸟类，海角边还会有颜色随着天气和日照略有变化的红沙滩。

丁扬迪瀑布则是西峡湾的另一自然奇观，它是整个西峡湾地区最迷人的瀑布，位于通往西峡湾半岛中心的公路边。顺着小径行走，经过一系列的小瀑布后便会到达主瀑布之下，伴随着雷鸣般的水声，壮阔的峡湾美景立马尽收眼底。

来到西峡湾，仿佛来到了世界的尽头，在令人眩晕的群山和深深的峡谷中，除了群鸟的美妙叫声，整个世界都是荒凉而平静的。在这里，你可以追寻人类探索北极的足迹，观赏无与伦比的极地之美。在这里，淳朴简单的人文风俗与让人惊讶的冰川风光完美结合。

如果在盛夏的极昼来到西峡湾，你可以看到地平线上一跃而起的午夜日出；若是你在寒冬的极夜来到西峡湾，这里则是银装素裹，冰封万里，你可以等待稍纵即逝的炫目极光。在阴森寂寥的西峡湾，所有到访过的人都情不自禁惊叹于自然界造就的这般美景。

现实中的绿野仙踪

松恩峡湾

松恩峡湾是世界上最深、最长的峡湾，号称峡湾之王。这里两岸山高谷深，谷底山坡陡峭；这里牛羊成群，海鸥环绕；这里有瀑布、雪山、密林和草丛。在这里，你仿若置身于水墨画中，诗情画意之感扑面而来。

在世界各地的峡湾地貌中，挪威的松恩峡湾最为著名，《国家地理·旅行家》杂志将其推荐为“此生必去的”旅游目的地，它也被联合国教科文组织列为“世界自然遗产”。

所在地：挪威

特　点：两岸雪峰竞秀、冰川巨砾、飞瀑万千

…

松恩峡湾位于挪威中部，长 204 千米、深 1308 米，是世界上最深、最长的峡湾，是挪威最有代表性的海湾。它流经众多的冰川和群山，是世界上最美的旅游胜地之一。峡湾是深入内陆的海湾，是被海水浸没的冰川槽谷。而松恩峡湾景色奇绝，在世界各地的美景中都名列前茅。这里环境优美，宛如来自童话中的“绿野仙踪”。

[奥尔内斯木教堂]

奥尔内斯木教堂是坐落在松恩峡湾岸边的世界文化遗产，是挪威最古老的教堂。教堂建造于 12—13 世纪，是斯堪的纳维亚木结构建筑中的一个特殊遗迹，汇集了凯尔特艺术、维京传统以及罗马式空间结构的各种不同的风格。这座木教堂不但历史悠久，而且保存得非常完好，教堂的一些部分是源自原址的旧教堂，所以年份更久远；教堂的北门是其中最古老的部分，上面刻有一些以动植物为主题的图案，动物的形态就像蛇一样，这扇门取自旧教堂的西前门，它的历史可追溯至 1050 年。

松恩峡湾两岸山高谷深，谷底山坡陡峭，垂直上长，直到海拔 1500 米的峰顶。松恩峡湾一年四季都可游览，景色各异，交通也十分便利。松恩峡湾之美，美在雪峰竞秀、冰川巨砾，美在碧水蓝天、飞瀑万千。松恩峡湾两岸的岩层坚硬无比，主要由花岗岩和片麻岩构成，夹杂着少数石灰岩、白云岩和大理岩。

奥尔内斯木教堂和一般的圆木建筑教堂不同，它是用垂直的柱子和木板支撑，将每根柱子和外壁的厚板分别垂直嵌入底梁和上梁，不使用一根钉子或螺丝。

纳勒尔峡湾和艾于兰峡湾是松恩两个最著名的海湾，在 Beitelen 相汇。纳勒尔峡湾是欧洲最狭窄的峡湾，最窄处只有 250 米，于 2002 年被定为自然保护区。艾于兰峡湾岸边的村庄则以制作白色和褐色山羊奶酪著称，这里还有 1147 年建造的木质结构的文德雷达尔教堂，只有 40 个座位，是斯堪的纳维亚最小的教堂。

可以乘游轮游览松恩峡湾，游轮沿着峡湾慢慢地行驶，各色的小屋、微陡的绿坡，还有山岗、森林和飞瀑，构成了一幅世外桃源之景。如果是自驾游览松恩峡湾，一路上车窗外的景色也是引人入胜：山间云雾缭绕，山下有色彩斑斓的宛如童话中的小屋傍水而居，牛羊点点，瀑布从陡峭的山峰顶倾泻而下，雪山的顶上云雾蒸腾，宛如蓬莱仙境。不过，更多的游人被推荐一种私营的旅游火车，红色的列车有点老旧，里面有橙黄色的温暖灯光。列车会跨过被称为“世界铁路最高杰作”的弗洛姆铁路。在火车站的博物馆，详细记录了弗洛姆铁路的修建过程，其堪称世界上铁路修建的典范，其中有一段是 180 度的隧道设计，是设计史上的经典之作。

[纯粹的生命：弗里乔夫 · 南森的故事]

弗里乔夫 · 南森，挪威探险家、科学家和外交家，以在北极探险的两项成就被人们所铭记。1922 年，他由于担任国际联盟高级专员所做的工作而获得诺贝尔和平奖。

在松恩峡湾的每个景点，不管是在游轮上还是在列车上，你都可以欣赏到各式各样的瀑布，最著名的旅游热拍瀑布就是肖斯瀑布。肖斯瀑布落差 93 米，是松恩峡湾万千瀑布中落差最大、水流量最多的瀑布。这条瀑布只有乘坐弗洛姆铁路的火车才能到达。夏季时，有女舞者伴随着悠扬的当地民谣在瀑布旁表演 Huldra 舞蹈（Huldra 是北欧神话中居住在山中的仙女）。

这里环境优美、纤尘不染，建筑和人文景观让其宛如童话仙境。这里的美，深刻、绝美而又有虚无缥缈之感，这里就是松恩峡湾。

勇气的证见证者

山妖舌

在山妖舌之下，气势磅礴的峡湾蜿蜒而过，站在舌尖上，纵观峡湾风貌，你会不由自主地感觉自己就像翱翔在天际的飞鸟，时间仿佛停滞了一般，整个世界都在你的脚下。

山妖舌，位于挪威的西部山区，因岩体伸出山崖很远、形似山妖的舌头而得名。山妖也是北欧神话中的怪物。传说山妖白天会化成石头，一到夜晚则会变成长相怪异的小矮人，统治着黑夜。

想要一睹山妖舌风采的人，必须经历一段十分艰难的登山过程。徒步到达山妖舌之上并不轻松，这是一段颇具挑战性的路程，部分路段非常陡峭，不过沿途的风光优美秀丽而且极具变化，你可以在这里欣赏挪威的荒凉和美丽。而历尽千辛万苦终于抵达山妖舌之上，也是一件相当需要勇气的事情。站在山妖舌上，毫无护栏，近千米之下，气势磅礴的峡湾蜿蜒而过，让人两腿发软。很多游人只敢慢慢往前挪，勇敢者则跳起来或者坐在舌尖上。而山妖舌，就是这些勇敢无畏者的见证者。

如果你想要饱览这块奇石的卓越风姿，如果你也想体验一番儿时翱翔的梦想，空中飞人、登临云端都将是你勇气的见证。如果你想寻求一段安静的沉思时光，山妖舌也能满足你。坐在这块充满着传奇色彩的奇石上，享受着周围美不胜收的峡湾风景，静静沉思人生，也将是一段奇妙而不可多得的旅程。

所在地：挪威

特　点：一处勇敢者才能欣赏的美景，同时玩起空中飞人、登临云端见证你的勇气…

[山妖舌]

山妖（troll）是北欧文化，尤其是挪威文化很重要的一部分，他们是山中的精灵。

北欧很多传说、故事的主角都是山妖，传说中他们白天会化成大大小小的石头，而晚上则变成长相怪异的小矮人，统治着北欧的黑夜。

海滩中的"世界小姐"

兔子海滩

所在地：意大利
特　点：风光宜人，气候舒适，一睹湛蓝的海水和洁白的心形沙滩之地

清浅的沙滩和澄澈的海水，成群游鱼和在沙滩上悠闲产蛋的可爱红海龟，这里便是意大利最美的海滩——兔子海滩。在"2013年旅行者之选"活动中，兔子海滩荣膺"最美海滩"的桂冠，这处西西里岛的海滩备受人们喜爱，在欧洲众海滩中，兔子海滩排名第一，在世界海滩中排名第三。

据美国CNN报道，位于意大利最南端兰佩杜萨岛的"兔子海滩"因投票者的青睐，而荣膺"最美海滩"桂冠。这一奖项是基于过去12个月内"数百万名旅行者"所提交的反馈而评出的。

来自地中海的兔子海滩，位于意大利兰佩杜萨岛南部海岸的一个小岛上，这里有炫目的白色悬崖，荧光碧蓝的海水，这里也是海龟和海豚的聚集地。每年春夏交接之际，很多海龟游上兔子岛的洞穴来产卵。兔子海滩得名于所在的兔子岛。很久以前，兔子岛是兔子们的家园和天堂，但随着时间推移，如今的兔子岛上已经看不到兔子的踪迹。湛蓝的海水、洁白的心形沙滩，兔子海滩拥有最纯洁的自然景色，这里风光宜人，气候舒适，你可以有一个舒心而快乐的假期。

兔子海滩以其洁白细腻的沙滩、丝毫未受现代文明沾染的天然风貌，以及一览无遗的地中海美景，在众多美妙绝伦的海滩中脱颖而出，被誉为世界上最纯洁的自然美景。在"2013年旅行者之选"活动中荣膺"最美海滩"的桂冠，这里的地中海的风情、洁白的沙滩和独一无二的景观让人沉迷。温暖宜人的气候，澄静湛蓝的海水，美好旖旎的风光以及深厚的文化底蕴，无疑让兔子海滩成为全世界游人们心中最心仪的旅游胜地之一。

[兔子海滩]

你可以通过水晶般清澈通透的浅滩抵达兔子海滩，在碧海蓝天之下，你可以舒适地躺于沙滩之上，沐浴着温暖的地中海阳光，感受轻柔的海风。

[布道石]

冒险者的天堂

布道石

有些风景注定属于冒险者——挪威南部的布道石，靠大自然的鬼斧神工劈出了这幅绝景——一块冰川运动形成的巨岩，突兀地直立于峡湾深处的崇山峻岭中，非常壮观。

所在地：挪威

特　点：蜿蜒绵长的峡湾、起伏不已的山峦，以及峡湾中漂浮着的游船……次第展开一幅风景长卷。布道石因为陡峭直立于峡湾之上，地势高且开阔

布道石地处挪威斯塔万格市的吕瑟峡湾中部，是一块由于冰川运动形成的巨岩，也是一块直插入峡湾的悬崖断壁，它是勇敢者的标志。从远方放眼眺望，非常壮观，令人震撼。而走近布道石，要是你胆量足够大，站在布道石平台上，可以俯瞰峡谷中绝美的吕瑟峡湾，壮丽非常。行走在布道石的峡湾间，气候变化无常，刮风是常有的事。小城斯塔万格是去布道石的必经之地。其中老城商业街五颜六色的建筑，非常漂亮卡通，值得一游。

布道石是挪威的峡湾旅游标志，它被美国有线电视新闻网等评为“全球50处最壮丽的自然景观之首”。因为形状类似教堂中牧师的讲台而得名。它与下方蜿蜒的吕瑟峡湾的垂直落差高达604米，可想而知，站到布道石上去看风景是需要极大的勇气的，有些略微恐高的游客甚至不敢站起来，他们坐着甚至趴着往前蹭，一点点靠近岩石的边缘。当真正站到这块高耸的悬崖断壁上时，你会不由自主地感叹人类在大自然面前是何等的渺小和弱不禁风。

有些风景注定只属于少数不惧艰难、喜欢冒险的人，布道石就是冒险者的天堂。站在这块碧水上垂直升起的方形巨岩上，伴着若有若无好似变戏法般的浮云，更有一种无法言喻的感觉浮上心头。

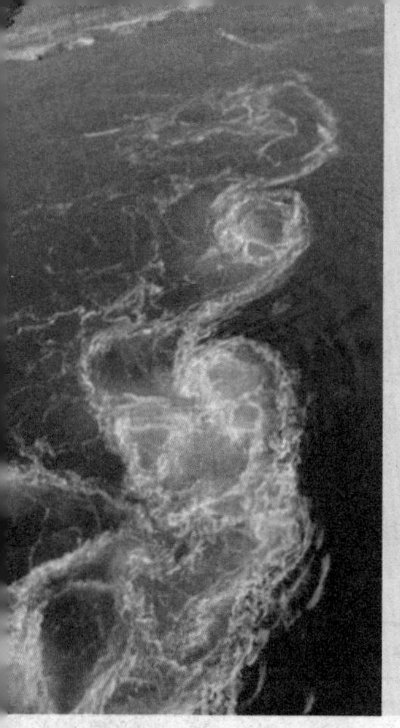

地球最强的漩涡
萨尔特流

碧蓝的大海敞开宽大的怀抱将山峰抱入怀中，山峰在大海的映衬下像刚出生的婴儿，这里既有柔白的海滩，也有壮丽的山峰和陡峭险峻的山壁，这里就是世界上最大也最强劲的漩涡——萨尔特流。

萨尔特流位于挪威北部的诺德兰郡，是萨尔登峡湾和希尔斯塔峡湾的交汇处。当相互冲突的潮汐相遇时，大量的海水涌入原本就和海平面存在高低落差的峡湾水域，漩涡就形成了。无论从时间、强度，还是从规模上来说，萨尔特流都无愧于“地球最强的漩涡”的称号。

所在地：挪威

特　点：在地球最强的漩涡中享受垂钓的乐趣

…

萨尔特流遵循着严谨的规律，潮流涌起以 6 小时为单位，成为一个每天都会上演的观潮秀。在萨尔特流大桥上能观赏到两侧强劲的漩涡，不断卷起的漩涡宛若峡湾与水在上演一场生动而又壮阔的魔术。纯净天然的自然风光之间，水的颜色分为蓝色和绿色，交错间又层次分明，让人越看越神往。

事实上，萨尔特流也是挪威的垂钓天堂。这里的鱼类品种数不胜数，鳕鱼、玫瑰鱼、鲶鱼、比目鱼、狼鱼等数量巨大，还有这里特产的黑鳕鱼，因而吸引了众多垂钓者来此享受垂钓的乐趣。这里不仅有极受欢迎的崇山峻岭，也有在海港之上自由自在翱翔的白尾海雕，虽然是漩涡，但这里的海水依然非常清澈。在这强劲的漩涡中，在感受大自然宽广的胸怀的同时，你也不得不惊叹鱼儿的极强生命力。

萨尔特流是少有的存在于人类生活区域内的大漩涡，早在它形成之前，这一区域就已经有人类活动的记录。史前一万年，这里留下了猎人们的生活踪迹。它不仅是博德最古老的人类文化遗址，同时也是整个挪威最古老的考古遗迹之一。由于强水流带来了丰富养料，鱼类聚居于此，也吸引了各种捕食鱼类的动物，使这个原本寒冷的区域生机盎然。

Oceania Articles

5 大洋洲篇

世界上最浪漫的海港

情人港

美丽的景色和惬意的生活是悉尼情人港的特色，这里棕榈婆娑，鲜花遍地，喷泉处处，流水潺潺，游人如织。港口昼夜不分，景色各异，旖旎的风光让见识过的人深深折服，也令未来过此的人心驰神往。

[悉尼湾海港大桥]

所在地：澳大利亚
特　点：美景、美食、动物、静物，一个你非来不可的地方

情人港也叫达令港，坐落于悉尼城区西部，是悉尼居民和世界各地游客最青睐的游览胜地之一，是悉尼最缤纷的旅游和购物中心，同时也是悉尼举行各种展览、文艺表演、庆祝活动或是国际会议最集中的地方。这里是来悉尼旅游的人非来不可的地方，在夜色下显得神秘性感而又浪漫，你可以选择酒吧、舞厅闹腾个通宵，也可以静静坐在海湾边的木阶之上，任海风吹拂在脸庞。

情人港由港口码头、绿地流水以及各种建筑群组成。这里有可以看到儒艮和鲨鱼的悉尼海洋生物水族馆，有澳大利亚树袋熊和鳄鱼，还有悉尼杜莎夫人蜡像馆。港口里停泊着各色的船只，岸边是一个个餐厅和酒吧或舞厅，所有的景致由于有了人而令情人港变得充满灵性。

白天的情人港两岸高楼林立，各种商店、咖啡馆、高档饭店鳞次栉比地立在海滩边，应有尽有，是悉尼购物、游玩的首选地方。港口一直延伸到城市的中心，阳光下，整个情人港碧空如洗，海水清澈通透。在辽阔的海面上，游船、风帆如繁星般点缀着，海风拂面，异常舒适。这里还有灵动的海鸥，它们不时从游客的头顶一飞而过，然后又在游人的面前闲庭散步，或者去碧波里觅食，抑或对着清澈通透的海面“顾影自怜”，反正它们对游人的存在视而不见。

情人港景如其名，随时随地充满着浪漫气息。而晚上的情人港是风情万种的，游人们常坐在木阶上等夜幕降临情人港。当落日的余晖洒在港口的每一处角落时，此时的情人港彩霞满天，白帆点点，忙碌了一天的人们穿着美丽的衣裳准备出发与朋友欢聚。待到夜色迷离、华灯初上之时，海面上波光粼粼的倒影和海滩边的万家灯火浑然一体，虚虚实实之间宛若如

达令港（Darling Harbour），给人一种很浪漫的感觉，其实它的名字来自新南威尔士州的第七任总督 Ralph Darling.

此地曾经是悉尼的一个不毛之地。20 世纪 80 年代，达令港被重点建设。

如今的达令港是个繁华的地方：不管什么时候，这里都是热闹非凡，充满了高度的商业开发气息，是集购物、娱乐于一身的商业区及娱乐中心。很多人都爱在这里的餐厅吃饭，因为这里不仅有悉尼最美的海港夜景，也聚集了众多一流的餐厅。

[中国友谊花园]

中国友谊花园位于情人港的南端。花园中有水、植物、山石以及建筑，值得慢慢游玩。

梦似幻的海市蜃楼。而深夜后的情人港，岸边酒吧、舞厅的音乐声渐次响起，热闹非常，却只闻人声不见人影，因而使情人港越发地充满了魅惑与妖艳。

很多悉尼最受欢迎的景点都聚集在情人港，如可以看到儒艮和鲨鱼的悉尼海洋生物水族馆、拥有澳大利亚树袋熊和鳄鱼的悉尼野生动物园，以及悉尼杜莎夫人蜡像馆和 LG IMAX 剧院。

情人港还是一个让人享受生活的美好地方。除了风景诱人，在这里的每一个周末，你都可以看到美丽的烟花表演。这里还有诸多特色演出，吸引着游人的目光，给到访此地的游客带来快乐和放松。

这是一个用爱情来命名的海港，处处充满着浪漫情怀，令人心动。事实上，澳洲的阳光并不焦躁，迎面有温柔的海风，温暖轻柔的阳光掺杂着海风的气味，让人心旷神怡。试想，坐在情人港码头的咖啡馆中，品一杯醇香浓郁的咖啡，享受着海风和阳光的沐浴，那该是多么浪漫的时光！

[悉尼海洋生物水族馆]

这里最刺激的体验莫过于走过透视水底隧道，这条长 146 米的海底隧道直插情人港，让你置身于真正的海洋环境中。

冲浪者的朝圣之地

贝尔斯海滩

贝尔斯海滩是世界上享有盛名的冲浪胜地。每年的复活节前后，这里都会举行世界级的冲浪比赛，成千上万的人站在悬崖大看台上，观看全球顶级冲浪者在比赛中大显身手。

[贝尔斯海滩]

贝尔斯海滩是大洋路附近的一处风景，在第一次世界大战后，从英国归来了约5万名澳洲士兵。由于当时国家经济大萧条，失业率上升，政府迫于无奈，只有安排这批士兵开荒修路。1932年从吉隆到坎贝尔港长达180千米的海滨公路正式建成开通。由于在英语中通常将“第一次世界大战”称“Great War”，这条路又是参加过第一次世界大战的士兵修建的，所以被正式命名为“Great Ocean Road”(大洋路)。

澳大利亚拥有绵延37000千米的海岸线，不计其数的海滩、海湾和水湾可供水上活动爱好者选择。很多全球知名的冲浪选手每年会定期造访澳大利亚，在澳大利亚一流的海浪上大展身手。贝尔斯海滩位于澳大利亚的维多利亚州，距离墨尔本约100千米，是最负盛名的冲浪圣地，以其高达5米的礁石巨浪在全球享有盛誉，气势磅礴的海浪撞击着海边红色的黏土悬崖，景观振奋人心。

早在1949年，大量的冲浪爱好者就被吸引至贝尔斯海滩，但当时断崖隔断了通往海边的路。10年后，一个拥有商业头脑的年轻人开着推土机填平了残缺的道路。直到1962年，贝尔斯海滩冲浪比赛正式诞生。自此，里普柯尔职业冲浪比赛和音乐节每年都在此举行。每年复活节前后，这里都会举行世界级的冲浪比赛，全球各地的冲浪者们争相涌入这个海滩，比赛场面精彩纷呈。而其他的时间段，这里又和澳大利亚其余海滩一样，宁静而闲适，是放松心情、净化心灵的度假好去处。

贝尔斯海滩的礁石巨浪令其仿佛天生就是冲浪者的天堂，到处都充满了冲浪的魅力身影。甚至是冲浪初学者，都可以到悬崖边的浅滩处学习冲浪。在此，你可以感受太平洋海水的清凉和澳洲独有的沙滩文化，或者看看比基尼美女来缓和冲浪所带来的兴奋与紧张。

所在地：澳大利亚

特　点：有高达5米的礁石巨浪，气势磅礴的海浪撞击着海边红色的黏土悬崖…

世界上最美的沿海公路

大洋路

从碧海蓝天、金色沙滩、茂密雨林到险峻峭壁，大洋路永远有最丰富多变的奇妙景观迎接你。它是众多旅游者人生必游的旅游地，是世界上风景最壮美的沿海公路。这条蜿蜒迷人的海边公路，每个弯道后都给你准备了美景。

所在地：澳大利亚

特　点：一条绵延276千米的美景之路

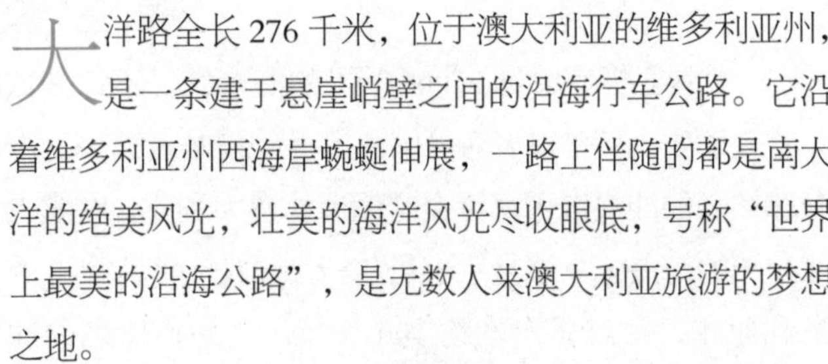

大洋路全长276千米，位于澳大利亚的维多利亚州，是一条建于悬崖峭壁之间的沿海行车公路。它沿着维多利亚州西海岸蜿蜒伸展，一路上伴随的都是南大洋的绝美风光，壮美的海洋风光尽收眼底，号称“世界上最美的沿海公路”，是无数人来澳大利亚旅游的梦想之地。

这条在悬崖峭壁之间开辟出来的公路，沿途奇景迭出，几乎不到1千米就是一个绝景。它经过世界顶级冲浪胜地贝尔斯海滩，穿越了大片雨林和宁静祥和的海滨小镇，路过有考拉休息的树林，甚至耸立在海上的岩柱都是形态各异，各有千秋。夕阳斜照、群鸟飞舞、碧海蓝天，美不胜收。即使在海边闲逛，坐等海上日落也是怎么也不会厌倦的惬意事。

[大洋路伦敦桥]

从前这块岩石是突出海面与陆地连接的岬角，由于海浪的侵蚀冲刷形成2个圆洞，正好成双拱形，所以起名为“伦敦桥”。1990年1月15日的傍晚时分，与陆地连接的圆洞突然塌落，与大陆脱离形成现在看到的断桥。

毋庸置疑，大洋路沿途的海洋风光是全球最美的。这里有宁静的海湾、刺激的冲浪沙滩、热带雨林，有瀑布、山洞，还有绵长的海岸线和舒适的海滨公园。驾车奔驰在世界上最美的公路上，你可以观赏到浓密葱郁的热带雨林，那片生机让你感叹；你可以欣赏到抱树而眠的考拉，那萌态让你心生爱怜；你还可以看到郁郁葱葱的草原上成群的牛羊。湛蓝的海水尽情拍打着海岸，似乎是在给你打着节拍，每行驶过一个弯道，你都会满眼惊艳，绝景星罗棋布，让人目不暇接。这条公路将南太平洋西岸鬼斧神工的旷世美景毫无保留地呈现在世人眼前。

[大洋路阿波罗湾和考拉奥维特灯塔]

大洋路上的阿波罗湾是澳大利亚维多利亚州西南岸的一个海湾，是世界十大冲浪圣地——黄金海岸沙滩的终点。19 世纪 30 年代为捕鲸站。1856 年始有人定居，设有澳大利亚最大的冷冻厂。

大洋路吸引了众多旅游者自驾来此观赏美景，一路上有异常秀丽的自然风光，蓝天、白云和绿地，空气清新，好似整个人都得到净化。闭着眼随便拍的照片，都可以作为一张风景明信片。这里的海是翡翠一样的碧绿色，海水轻柔缓慢地揉搓着白沙滩。如果一直沿着海岸线奔驰，那么无边无尽的大海和清澈的大海会在你的眼前展露无遗。这里还有众多风光旖旎的洁白沙滩，若是时间允许，你可以选择稍作停留，下到海滩，近距离感受大海和海鸥的美。

十二门徒岩是大洋路最奇特而壮观的奇景，也是大洋路的标志性景观。阿波罗湾则是一个半月形的海湾，这里景色异常迷人，令人心旷神怡。从河流、雨林到古老的岩石、海湾以及崎岖的海岸线，大洋路充分展示了大自然的魅力。

最圣洁的天堂

杰维斯湾

晶莹透亮的海水宛如翡翠，海浪拍打着松软细腻的白沙滩，映衬着幽兰的苍穹，海鸥轻轻划过天际。不论是游泳、潜水还是露营、度假，这里都是理想之地。

所在地：澳大利亚

特　点：被两个海岬包围成深弧形，拥有世界上最白的沙滩

…

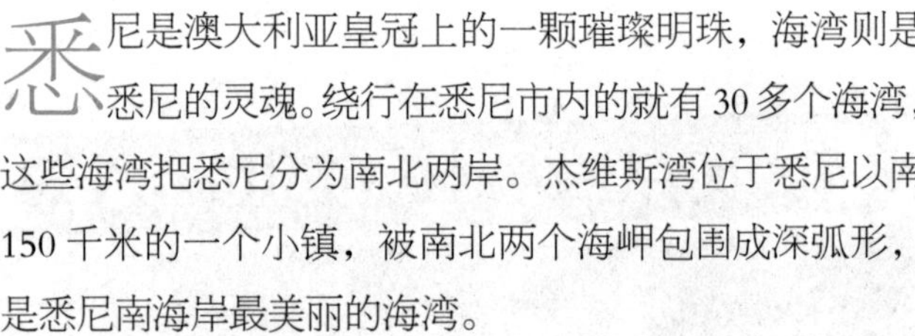

悉尼是澳大利亚皇冠上的一颗璀璨明珠，海湾则是悉尼的灵魂。绕行在悉尼市内的就有30多个海湾，这些海湾把悉尼分为南北两岸。杰维斯湾位于悉尼以南150千米的一个小镇，被南北两个海岬包围成深弧形，是悉尼南海岸最美丽的海湾。

杰维斯湾是一个南北16千米长、东西10千米宽的天然港。海厄姆海滩是杰维斯湾的一部分，据说这里有世界上最白的沙滩，号称世界上最细最干净的沙滩，并因此而被列入“吉尼斯纪录”，它是一个完全没有被污染的纯净海滩，也是纵横南海岸的四大名胜之一。放眼望去，一片纯白，在金色阳光的照耀下，十分耀眼。白色象征着婚姻的纯洁与圣洁，海厄姆海滩现已成为澳大利亚最受欢迎的婚礼举办地。

[厄姆海滩]

杰维斯湾是鲸类南北大迁徙路线的中途休息地，因此是观鲸的理想地点，历史悠久的圣乔治角灯塔是观看鲸每年迁徙的绝佳地点。据观察，每年的5—11月，大量座头鲸沿着澳大利亚东岸迁徙。除此之外，南露脊鲸、小须鲸、杀人鲸、假杀人鲸，甚至蓝鲸也会在杰维斯湾出现，不过数量最多的要数座头鲸。

由于位于出海口，这里还常有数量众多的野生海豚出没，因此杰维斯湾也是天然的海豚湾。从赫斯基森出发，坐船游览于海中央，停掉马达声，便有海豚相继浮出水面，它们黝黑而硕大的身躯随着波浪上下翻腾，游得畅快而自由。它们有独自戏水的，也有成群结队的，还有几只环成圆圈，仿佛在举行海豚界的庄严仪式一般。

[杰维斯湾观鲸]

杰维斯湾是观鲸的理想地点，由于杰维斯湾的出口正处于鲸类南北迁徙的路线上，部分鲸类会选择在杰维斯湾中途休息。

杰维斯湾被誉为世界上最安全的海滩之一，是一个顶级潜水（浮潜）和休闲钓鱼的胜地。它的水质完全无污染，在明媚阳光的照耀下，波光粼粼，闪着流光溢彩。在平静的海面下拥有许多奇观：神秘的海穴、挺拔的崖柱、拱形的天然石桥，让人震惊。在神奇而又瑰丽的水下世界，还游弋着无数的色彩缤纷的海洋生物，如石斑鱼、濑鱼、鲨鱼、乌贼、海龙等。当地甚至有扇贝的养殖场。

顺着杰维斯湾向南走，可以看到海边的一片无尽的旷野，一条小径环绕着整个半岛，沿途满是一个个幽静的海滩、茂密的森林，以及随处可见的岩石峭壁，呈现一种独特的美，这就是杰维斯湾著名的波特里国家公园。你也可以漫步杰维斯湾，探索红树林浮桥，发现丰富的鱼类和螃蟹。

[圣乔治角灯塔]

除了选择乘船出海之外，还可以登上圣乔治角灯塔观鲸，此地不但可以看到鲸，而且可以一览杰维斯湾全景。

杰维斯湾是澳大利亚的宝石，这里拥有举世无双的风光、绚丽的文化、湛蓝的海湾和世界最圣洁的沙滩。这里是海洋生物的栖息地，也是水上活动的天堂。

最想遇见的美丽

鲨鱼湾

盐滩的蓝色晶体在阳光下流光溢彩，海底被五彩缤纷的海洋生物点缀得格外美丽，从崎岖的海边悬崖到安静的礁湖，以及沙砾与贝壳堆积而成的海滩……每一种，都让澳大利亚的鲨鱼湾拥有着与众不同的美景。

所在地：澳大利亚
特　点：拥有世界上最大的海床和最丰富多样的海草资源、世界上数量最多的儒艮和大量叠层石

鲨鱼湾是位于澳洲最西部的海湾，它被海岛和陆地层层环绕。这里拥有世界上最大的海床和最丰富多样的海草资源，也拥有世界上数量最多的儒艮，还拥有大量叠层石。在 1991 年就被列为世界自然遗产。

鲨鱼湾是澳大利亚最大的海湾，面积达大约 23 000 平方千米，平均深度为 10 米，有超过 1500 千米长的海岸线。其海岸线都是由沙子和红土还有层岩堆积而成，被浅滩分割为很多半岛和岛屿，包含了很多保护区和保留地，如鲨鱼湾海洋公园、哈美林池海洋自然保护区、弗朗索瓦·佩伦国家公园以及很多被保护的岛屿。

鲨鱼湾拥有许多大大小小的淡蓝色或深蓝色的潟湖，最有名的也是这些大潟湖和小潟湖，特别是当雨季

鲨鱼湾因为拥有以下 4 个显著的天然特征而被列入世界自然遗产，即地球的进化史、生态学和生物学进程、超自然现象和对多种生物的正常保护。鲨鱼湾世界遗产保护区是西澳大利亚州珊瑚海岸地区第一个列入世界遗产的保护区。

[鲨鱼湾嬉戏的海豚]

湖水上涨溢出，就像水彩盘里的颜料慢慢扩散到蔚蓝的海水中，引人入胜。如果你是潜水爱好者，那鲨鱼湾色彩斑斓的珊瑚丛就是你绝对不能错过的水下奇观之一。这里的珊瑚礁块直径有 500 米之大，其间到处充盈着丰富多样的海洋生物，色彩斑斓、形态不一的珊瑚争相在眼前晃荡，美不胜收。潜水结束以后，你还可以在这里划船、钓鱼，或者进行风帆冲浪和游泳。

鲨鱼湾海洋公园里有各种不同的地形和生物的栖息地，海湾里狭长的水域维持着多样的生态系统，包括炫目的珊瑚和丰富的水生生物，如海龟、鲸、海豚、儒艮、海蛇和鲨鱼，还有用于售卖的鱼、虾、扇贝和蟹。同时拥有世界上最大的海草床、大量当地特色的动物、5 种濒临灭绝的哺乳动物和澳大利亚 1/3 的鸟类品种。

鲨鱼湾以自然景观和生物多样而著名。鲨鱼湾有已知的最大面积的海草区，包括世界上最大的海草沙洲。鲨鱼湾还有令人叹为观止的哈美林池叠层岩，哈美林池有世界上最丰富多样的叠层岩。叠层岩是地球上最古老的生命形式，因此这里也被称为是世界上最古老和最伟大的活化石。

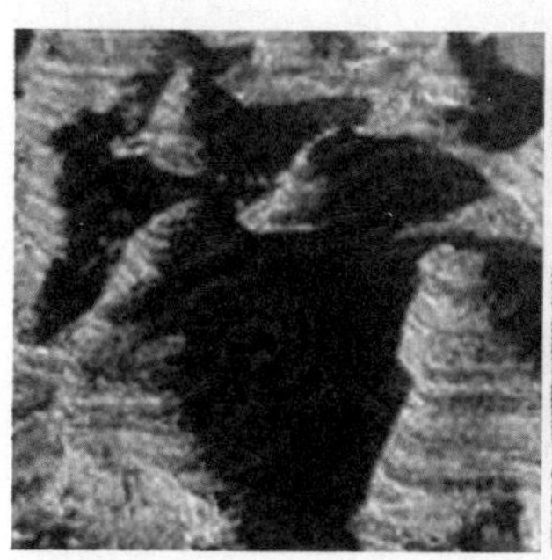
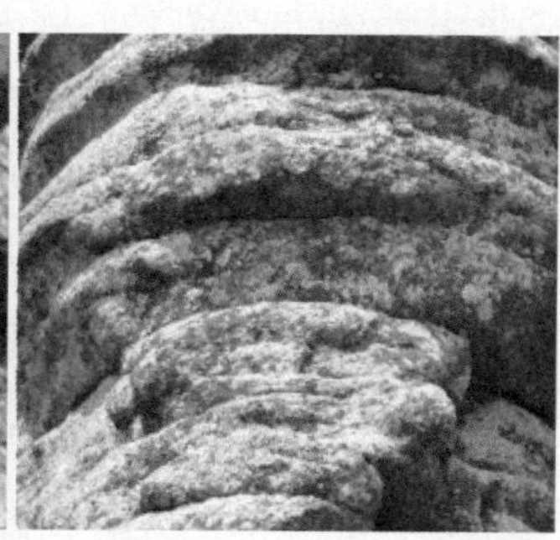

[鲨鱼湾哈美林池叠层岩]

哈美林池叠层岩不仅是地球上早期生命形式存在的有力证据，还是揭示生物多样性的第一个标记。研究表明，是 34 亿年前的微生物制造了它们。

事实上，鲨鱼湾对于动物学来说也有重要的价值，这里拥有世界上最大和最丰富的动物标本。在这块土地上，生存着超过 1 万头儒艮（海牛），是世界上最大的海牛生存繁殖地。拥有 26 种濒临灭绝的澳大利亚哺乳动物，包括褐色的小袋鼠、鲨鱼湾鼠和醅袋狸等。这里还生长着 323 种鱼类，包括很多鲨鱼和其他软骨鱼纲鱼类。这里也是迷人的海豚景区，这里的海豚几乎每天都会游到海边和游人进行互动。

鲨鱼湾的植物景观也是世界上罕见的，由于热带沙漠气候、热带季风气候与热带海洋气候在此交汇融合，这里的植被异常丰富：南部地区有石楠树，夏季密生白色的花朵，秋季则变成了红色，鲜艳夺目。除此之外，还有 50 多种罕见的植物遍布整个鲨鱼湾地区。

鲨鱼湾也拥有精美无比的盐池，绵长的海岸线、良好的光照为晒盐提供了得天独厚的条件，从高空俯瞰，盐池的蓝色晶体在阳光照射下流光溢彩，美得如同一幅传世的风景画。

大洋洲的“娇羞姑娘”

赫特潟湖

来自澳大利亚的赫特潟湖是一个美丽的粉红色盐湖，一年四季保持着妖艳粉嫩的娇羞姿态，就像一个羞涩的姑娘。

所在地：澳大利亚
特　点：或柔美，或静谧，绚丽的色彩让人觉得不可思议

赫特潟湖是赫特河的入海口，也是澳大利亚最大的一个粉红色湖泊。

赫特潟湖，位于西澳大利亚的中西部、印度洋沿岸，是一个粉红色的盐湖，宛若一个娇羞的姑娘。这是由于湖中的藻类产生的丰富的β－胡萝卜素，使湖水略带明亮瑰丽的粉红色。远远望去就像一大块粉色的泡泡糖，缤纷交织的粉红色看起来又像一幅美丽的风景画，深浅不一，错落有致，让人大饱眼福。

赫特潟湖由环绕着的海滩沙丘将它和印度洋隔离开来，它和海洋之间夹杂着郁郁葱葱的绿植和金色的沙滩，甚是奇妙。它的盐度非常高，人在里面可以像身处死海一样漂浮，不会游泳的人泡在水里也能浮起来，湖畔甚至还有许多盐的结晶。如果你习惯了碧海蓝天，乍一看到粉红色的赫特潟湖和蓝色的天空，会错以为是夕阳中“天在下，海在上”，上下颠倒了。事实上，在特定的气候条件下，随着太阳光线的不断变化，湖中有些部分还会呈现出梦幻的紫色，搭配着迷人的粉红色，显得更加浪漫迷人。在这浪漫而娇羞的色调中洗涤心灵，或柔美，或静谧，这幻彩，值得一切对澳大利亚的向往！

[赫特潟湖]

赫特潟湖中生活有一种叫作“杜氏盐藻”的海藻。杜氏盐藻是一种嗜盐的绿色微藻，由于其独特的颜色，会把湖水染成红色或粉红色。赫特潟湖已被国际鸟盟列为世界上重要的鸟类保护区，这里有世界上稀有的黑头鸻和高跷鹬。

航海者的伊甸园

岛屿湾

青山和绿水，洁白的羊群，绿草如茵，风景宜人的新西兰岛屿湾到处洋溢着自然和海洋的气息。这里旖旎的风光让人怦然心动，这里是航海者的伊甸园，垂钓、扬帆、滑浪和潜水应有尽有，甚至还可以和海豚嬉戏。

新西兰由北岛、南岛及一些小岛组成，海岸线绵延6900千米，素以“绿色”著称。岛屿湾位于新西兰的奥克兰北部地区，是北岛最北端的海湾。它像一块摔碎的水晶，周边星罗棋布着150余个未被开发和雕琢的海岛，也称为“群岛湾”。怡人的亚热带气候使这里成为航海者的乐园。从奥克兰市出发路程有227千米，约3小时即可抵达。英国著名航海家库克船长是第一个来到此地的欧洲人，1769年库克船长驾驶着“奋进”号在罗伯顿岛抛锚，这在库克船长的航海日记中有详细的记载。

所在地：新西兰
特　点：青山和绿水，洁白的羊群，绿草如茵，风景宜人的新西兰岛屿湾到处洋溢着自然和海洋的气息
…

岛屿湾是一个小区域，包括奥普瓦、拉塞尔、派希亚和凯利凯利小镇，以及普利鲁阿半岛和布雷特角之间的近海岛屿。游客可以乘坐渡轮往返派希亚与拉塞尔之间，或者奥普瓦和奥基亚托之间。

岛屿湾是新西兰原住民毛利人的家乡，被誉为“新西兰诞生之地”，这里有保存完好的毛利人古迹，拥有迷人的亚热带海岸风光和郁郁葱葱的原始森林。其中拉塞尔作为英国在新西兰第一个永久定居点，是欧洲殖民地的诞生地，使岛屿湾具有重要的历史意义。当地的怀唐伊博物馆保存有毛利人和欧洲移民缔结的和平条约，还有新西兰诞生时的重要历史遗迹。

［岛屿湾］

在拉塞尔北面的塔佩卡角，则给人仿佛置身一座海

洋游乐园的错觉。在这里，可以肆意和种类繁多的野生动物，如企鹅、海豚、枪鱼、鲸、塘鹅等亲密接触。另外，海湾的大多数岛屿上都设有步行道，在乌鲁普卡普卡岛上还有一个露营地，由新西兰环保部管理。

岛屿湾是新西兰度夏和航海最有名的地方，探索岛屿湾的最佳方式就是租一条游艇或海上皮划艇，或是参加渡轮一日游。游人可以选择搭乘豪华游艇穿越著名的“岩中洞”，既能欣赏头顶矗立的岩石奇观，邂逅自然环境中的各种野生动物，又能近距离观赏海豚，而且还有机会遇见好客的鲸和海象。

岛屿湾还提供了一些优质的亚热带潜水活动，并以丰富多彩的水上活动而吸引了大量的游客。在布雷特角

附近，113 米长的新西兰皇家海军护卫舰“坎特伯雷”号就沉没在这里，它的顶部就在水下 10 米处，浮潜者都能看得到。

继续往北走，抵达新西兰最北端最长的海岸——90 哩海滩的途中，你可以在千年森林中步行，欣赏世界上最高、最大、最古老的参天古树。也可以站在新西兰最北端的雷因格角灯塔下，放眼瞭望广阔雄伟的塔斯曼海，将雄壮景观尽收眼底。

岛屿湾风景宜人、植物茂密，绿色的森林、金黄的沙滩和蓝色的海洋完美地结合在一起，其缤纷多彩的魅力让人流连忘返。

NZD$400罚款，值得吗?

申报或丢弃，否则面临罚款。

[新西兰各地机场都会出现的禁带警告]

事实上，新西兰对于环境保护的意识非常强，对于进入该国家的物品把控也比较严格，在填写入境卡时，必须要申报清楚，否则出现罚款或其他问题就比较麻烦了。

[岛屿湾美景]

岛屿湾的派希亚、拉赛尔与怀唐伊 3 个地方最受旅客欢迎。美丽的小镇派希亚是岛屿湾的中心，也是钓鱼团与观光团的出发地。国际深海钓鱼比赛每年 1—4 月会在岛屿湾举行。

提到岛屿湾，不可不提到 90 哩海滩（90 miles beach），它是北部西岸最长的海滩。一望无际的海滩，让人惊叹大自然的伟大。游客可以由专业的游览巴士奔驰于金色沙滩上，一路到最北的雷因格角灯塔，当中还可体验滑沙的乐趣。在岛屿湾，多数岛屿被列为海洋环境保护区，开放给游客漫步、游泳、钓鱼、潜水、探险。另外PiercyIsland的名胜“岩中洞”，是由海水侵蚀而产生的环状岩洞，你可以乘船穿越这个岩洞，感受相当新奇。

新西兰的巨石蛋

摩拉基大圆石

摩拉基大圆石是一堆巨大的球形石头，处于幽静的新西兰南岛的东海岸，在海滩上散落着50多个奇怪的大圆石，每当潮水退去，大圆石就显露在海滩上，仿佛被放大了无数倍的“恐龙蛋”，吸引无数远道而来的游客寻幽探秘。

摩拉基大圆石位于新西兰南岛奥塔哥区北部的一个名叫扣扣奇的海滩上，每当潮水退尽之时，一堆巨大的球形石头便会显露于海滩之上，有50余个，或分散或聚集、散落在风光旖旎的海滩上，远远看去就像一片巨大的恐龙蛋，形成了一道独特、亮丽的自然景观。

所在地：新西兰

特　点：50多个形成于数百万年前的奇怪大圆石，或分散或聚集，散落在海滩上

在绵长的扣扣奇海滩上，海水起起伏伏，不断拍打着这些巨大的圆石，没有人知道这些石头经过了多少年的岁月洗礼，它们孤零零地趴在沙滩上，有的三五成群聚在一起，经过数百万年的风化，有的是中空的，有的中间却是非常坚硬的化石网状结构，有的光滑无比，有的则已然开裂，看上去像龟背一般。这些石头直径最大

[摩拉基大圆石]

它们是在海边被海风和海浪洗礼过的石头，只是由于它们太圆了才非常著名。

[摩拉基大圆石]

达两米，最小的也有将近半米，这些形状怪异的圆石外壳是一层十几厘米厚的石灰岩，里面则是黄褐色的结构，关于它们的“身世”，一直是科学界的谜团。

科学家经过研究后认为，这些大圆石至少形成于400万年前，但其具体如何形成的一直众说纷纭。当地的毛利人称这是1000多年前巨大战舰“阿雷德欧鲁”号在岸边沉没时所滚出来的瓜果，经过时间的沉积后最终成为“化石”。

新西兰的一位科学家则称这是海底生物与当地的地质结构相结合后因化学反应而形成的圆石。

但据近期的考证，扣扣奇海滩上这一个个硕大而又圆润无比的大圆石，并不是生物化石，它们只是经过数百万年风化的结构奇特的石头，这种石头是方解石的凝结物，它们形成于6500万年前。方解石的形成过程十分复杂，类似珍珠却又比珍珠更为复杂，在带电粒子周围的钙和碳酸盐慢慢结晶后就形成了大圆石。而大圆石中的软泥岩大约是1500万年前从海底产生的。尽管如此，这种说法也遭到了一些科学家的反对。

风景如画的扣扣奇海滩上，常年的海浪卷着细沙对海岸的磨蚀效果异常明显，潮起潮落，海浪把巨石蛋从岩层中剥落出来，并且打磨成浑圆的形状。各种海鸟在沙滩上觅食，海滩上有各种各样奇形怪状的贝壳，在日出或日落之时，沙滩会被阳光照射成金黄色，而那些神秘的圆石也在阳光照耀下熠熠生辉，璀璨夺目。细暖的沙、奇特的大圆石、盘旋的海鸟，精神满满在海边闲逛的企鹅，让每一个访问者都不禁感慨大自然的神奇。

事实上，摩拉基大圆石并不是世界上唯一的，地质学家已经在其他地方也发现了类似的现象。比如，新西兰北岛赫基昂加港的沙滩上也有，最大的直径足足有3米；美国北达科他州的坎农博尔河沿岸也有这样大型的球形结核，最大的直径有3米，犹他州东北部和怀俄明州中部发现的球形结核直径则达到了4～6米。

耶稣的十二门徒

十二门徒岩

十二块巍峨的巨大岩石伴着零星的碎石块，在惊涛骇浪中巍然屹立于苍茫的大海里，如同一个个顶天立地的巨人，雄伟壮观、气势磅礴。这十二块砂岩石，被大自然鬼斧神工地雕琢成酷似人面而又表情迥异的十二块岩石，被世人称为“十二门徒岩”。

十二门徒岩位于澳大利亚墨尔本海岸沿线，在维多利亚州的大洋路边上，它是经过几百万年的风化和海水侵蚀而成的断壁岩石，巍然耸立于大海上，错落有致，姿态各异，因为它们的数量和形态恰巧酷似耶稣的十二门徒，因此人们就以《圣经》故事里的十二门徒为此地命名，它是世界上闻名遐迩的海岸景致。

[十二门徒岩]

这十二块独立的奇石矗立在湛蓝的海岸线上，形态各异，浑然天成，犹如耶稣门徒的面孔。在日出或者日落时分，可以欣赏到十二门徒岩从阴影中的深色逐渐变幻为日光下的绚丽金沙色，美不胜收。十二门徒岩也由深沉雄伟变得沧桑悲壮，令人心潮澎湃。

尤其是在日落时分，随着日光的西移，这些被大自然鬼斧神工雕琢的石灰岩石沐浴在夕阳的金光下，高矮不一，错落有致的十二门徒岩恍如一群日落而息的渔人，朝着远方缓缓前行。

大自然的鬼斧神工塑造了十二门徒岩这种令人惊叹的壮阔雄伟的奇景，而这种神秘，有时只有亲临其境才能感受得到。

所在地：澳大利亚

特　点：犹如在惊涛海浪中巍然屹立的勇士，它们深沉雄伟，又沧桑悲壮

蓝色鸡尾“酒”

酒杯湾

在这片人间净土上，弧形的蓝绿色海岸线把绵延纯白的白沙滩围成酒杯的形状，碧蓝的海水就是杯中的蓝色鸡尾酒。清澈无垠的蓝色海水向海边翻涌，沙滩宛如酒杯沿上的泡沫，海与天自成一色，浪吻白沙，景色迷人。

所在地：澳大利亚
特　点：弧形的蓝绿色海岸线把绵延纯白的白沙滩围成酒杯的形状，海水就是杯中的蓝色鸡尾酒

塔斯马尼亚东海岸是一个梦幻世界，蓝天与白云、彩色的海水和多彩的礁石将这里点缀得五彩缤纷。酒杯湾就位于澳大利亚塔斯马尼亚州东海岸半岛的赫胥斯山，是菲欣纳国家公园的一部分。越过赫胥斯山的山脊，就可以看到酒杯湾。它是塔斯马尼亚东海岸一颗耀眼的明珠，并多次被评为世界上十大最美海滩之一。

酒杯湾是一个显露于外的原始纯净海湾。它之所以被称为酒杯湾，是因为这里的白色沙滩与蓝绿色的海洋的完美曲线构成轮廓分明的半月形，仿佛一个晶莹剔透的酒杯。碧蓝的海水就好像盛在酒杯里的清凉的啤酒，绵延雪白的沙湾宛若酒杯沿上的泡沫。远远望去，酒杯湾之中蓝天碧海、波光潋滟、浪吻白沙，景色十分

[酒杯湾]

迷人。

酒杯湾宁静地坐落在群山之中，这个被两座小山的山头包裹起来的海湾，湾口稍小，湾底较大。欣赏酒杯湾的美景，一般会选择走菲欣纳国家公园步道，来回大约 2 小时。步道奇绝，600 多个台阶忽上忽下，蜿蜒跌宕。一番艰辛攀登，便可登上酒杯湾的观景台，在这里可以欣赏粉红花岗岩，也可以俯瞰绵延 30 千米的蓝色杯形海湾和一望无尽的海岸线。银色的沙滩卧于群山之中，碧海无迹，波涛翻滚。碧蓝的海湾被翠绿的树林环抱，蓝天白云倒映在海面上，煞是漂亮。临海的悬崖峥嵘耸立，平坦的礁石则渐渐蔓延到海里，在这海天一色的辽阔天地中，白云袅袅，海风徐徐，林涛阵阵，你可以感受到大海的狂野和宁静。美妙的酒杯弧度、缤纷的色彩、纯白的沙滩，使酒杯湾成为塔斯马尼亚“最不可错过的景点”。

[酒杯湾]

酒杯湾这个名字形象地说明了它的形状，弧形的海岸线就是酒杯，海水就是杯中酒。

在这个迷人的海湾，你可以进行钓鱼、航海、丛林漫步、海上划艇、攀岩等活动，你还可以悠闲漫步于纯白的沙滩，吹着徐徐海风，任海浪轻拍着脚丫，一边寻找形状各异的贝壳，一边欣赏壮丽旖旎的海岸景致。这里的一切都未经人工雕琢，既没有如织的游人，也没有人为设置的沙滩椅等。

耀眼的白沙与湛蓝海水相互辉映，海滩与粉红、灰色相间的花岗岩群峰相映成趣，使酒杯湾成了澳大利亚最美的景观之一。这里拥有僻静的沙滩、缤纷的生态美景，还有精致的塔斯马尼亚美食，绝对是一次可以满足游人各种感官享受的惊奇之旅。

酒杯湾所在的塔马尼亚州的气候温和宜人，被称为“全世界气候最佳温带岛屿”。这里四季分明，各有特色。

夏季（12 月、1 月、2 月），气候温和舒适，夜长日暖，最高温度 21℃，最低温度 12℃；

秋季（3 月、4 月、5 月），平和清爽，阳光普照，最高温度 17℃，最低温度 9℃；

冬季（6 月、7 月、8 月），清新凉爽，山峰都布满了白雪，最高温度 12℃，最低温度 5℃；

春季（9 月、10 月、11 月），凉爽清新，绿意盎然，是天地万物苏醒重生的季节，最高温度 17℃，最低温度 8℃。

地球上最热烈的石头乐园

火焰湾

绵延29千米的纯白沙滩、一望无际的湛蓝海水和一堆堆泛着橙红色的石头，这些是火焰湾最显著的标志。在这极静极净的海边，可以晒日光浴、冲浪、潜水、捡贝壳、BBQ、篝火、露营……这里可以让游人放慢脚步，细细品味着澳洲的悠闲假日时光。

所在地：澳大利亚

特　点：这里的天空下拥有绚丽的多彩世界

…

火焰湾位于澳大利亚的塔斯马尼亚，这个海湾拥有纯白的沙滩，以及因苔藓而呈现橙红色的花岗石。这些巨大的橙红色岩石布满了海滩，在晴朗的蓝天下，色彩对比非常鲜明。这里的沙滩绵延29千米，是一连串的拥有洁白细沙的极品海滩，被誉为塔斯马尼亚最棒、最美的沙滩，在2009年被世界知名旅游指南《孤独星球》评为最有价值的十大旅行地之一。

在宁静的火焰湾，伴着世界上最热烈的石头，你可以漫步在细软的白沙中，爱好冒险者可以探索丛林，或者体验皮划艇项目；你也可以在这里露营，晚上在营地生火，静看夜空，数数繁星，沉醉在自然的怀抱里。这里还为你准备了游玩活动之后的惊喜——来自火焰湾的温泉SPA，结合天然温泉与古代土著的护肤药品，为这一趟火焰湾之旅画上圆满的句号。

[火焰湾]

火焰湾的海岸绵延29千米，因白沙、红岩和湛蓝海水而著称。白沙之细就如同踩在面粉上一般，而沙滩周边的岩石和岬角上到处都是标志性的橙红色地衣。

上帝的水下藏宝箱

百年干贝城

上百个色彩斑斓、直径超过 1 米的巨型贝壳安静生存于清澈通透的海水中，浅水处多为砂底，较深处则有珊瑚错落有致散布于其间。这里汇集了世间罕见的百年巨型贝壳，潜入海底，可以欣赏它们栩栩如生的模样。这里也因此得名为“百年干贝城”。

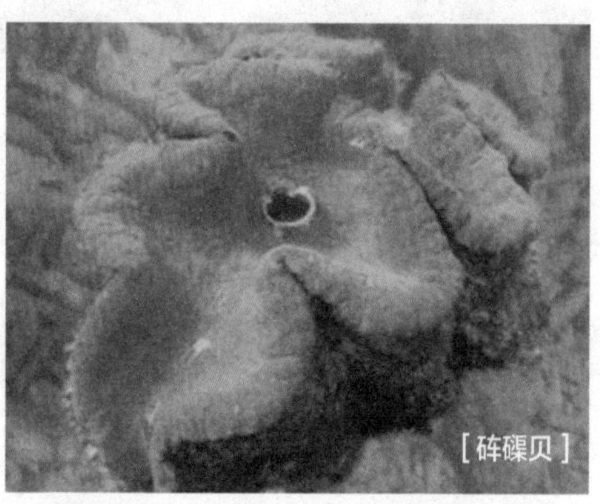

[砗磲贝]

穿过帕劳一座又一座蕈状的岛屿，百年干贝城就隐身于一座美丽的岛屿旁，它是帕劳的保护区域。在这片风光旖旎的水域中，生存着许多大型贝类，主要以砗磲为主，你甚至可以看到许多壳超过 1 米的巨型干贝，最大的干贝长度相当于一个成人的身高。生长了上百年的巨型干贝，三五成群地躺于海底的白沙上，你会情不自禁地惊奇于这些贝壳的硕大，也会惊讶于干贝城海底世界的奇特。这里是帕劳群岛不可错过的奇特景观，令人震撼。

所在地：帕劳

特　点：观赏数百年的活砗磲，当然，你需要会潜水

砗磲是百年干贝城最出名并且是世界上最大的双壳贝类，被誉为“贝王”。在百年干贝城浮潜，你会看到像小桌子一般大小的砗磲零星地散落于海底，它们大而且厚，外观奇特而艳丽，可以制成器皿或漂亮的装饰品。有的砗磲寿命已达上百岁。即便如此，它们那巨大的壳依然灵活无比。因此，游人们千万不要随意触摸它们，否则会有被夹住而无法脱身的危险。

砗磲是海洋贝壳中最大者，直径可达 1.8 米。砗磲一名始于汉代，因外壳表面有一道道呈放射状之沟槽，其状如古代车辙，故称车渠。后人因其坚硬如石，在车渠旁加石字。砗磲、珍珠、珊瑚、琥珀在西方被誉为四大有机宝石。

[邦迪海滩]

城市海滩之王

邦迪海滩

蔚蓝的大海与洁白的浪花交相辉映，水清沙幼，映衬着无边无际的蓝天艳阳。海上飞翔的鸥鸟，只要一块面包便簇拥而来。在这个热闹的海滩上，最佳的享受方式是日光浴和冲浪，邦迪海滩因此被赋予了“城市海滩之王”的荣誉。

所在地：澳大利亚
特　点：一个 U 形的城市海滩，绵延 1 千米
…

如果推选全球最棒的海边城市，悉尼绝对排在前十。悉尼拥有 70 多个海滩，从背靠丛林和国家公园的隐蔽海湾，到世界闻名的沙滩地带，全都是海水清澈碧蓝，白沙细软干净。如果再推选悉尼幸福指数最高的海滩，邦迪海滩则无疑成为首选。邦迪海滩是悉尼乃至世界著名的海滩，东接南太平洋，是悉尼最热闹的海滩之一。凭借旖旎的风光，它的身影常出现在明信片、电视节目和电影中，这里每年都吸引了数以万计的游人来此感受金色沙滩的魅力。它的存在是澳大利亚人慢生活、爱自然的最好印证。

邦迪海滩的名字来自原居民的语言 bondi，意为“激碎在岩石上的浪花”。邦迪海滩是一个 U 形的城市海滩，绵延 1 千米，这里的沙细如粉、色如金，还有精美的岸边美景与奇异的岩石，蓝色的大海与洁白的浪花交相辉映，美丽绝伦。无论夏季或冬季，这里都是悉尼的精华所在，几乎可以进行一切丰富多彩的水上运动，如游泳、帆船、划艇、冲浪和潜水等。这里空气清新，海水清澈通透，常年风大浪急，是澳大利亚具有相当历史的冲浪运动中心，也是澳大利亚传统冲浪救生训练基地。在夏季的周末，这里有各种各样的冲浪比赛，运动员们轮番进行精彩的表演。除了迷人的海滩风景，邦迪海滩也是日光浴的绝佳地点，同时也是各种盛事的举办地，游客可在这里观看一场嘉年华。这里有非正式的乐队在岸边声嘶力竭地演唱，也有丰富多样的民俗活动和艺术展览活动，从一年一度的“从城市到海滩”长跑活动，到“风的节日”风筝节，全年都有丰富的本地与国际盛事。

从 1993 年开始，每个周日 10:00—17:00 点，在邦迪海滩相邻的马路对面的坎贝尔广场有集市，里面可以淘到很多有意思的小东西。从邦迪海滩可以一直沿规划的人行步道步行至库吉海滩，距离大约为 6 千米，沿途会经过多个小沙滩，风景很美，时间充裕的话不妨走走。

[邦迪海滩]

晒够了日光浴，赏够了比基尼美女，可以漫步在海滩周围的小镇。这里的小屋建造得十分精致，小镇的居民会在自家的花园里种满各种各样的鲜花，常年绽放，簇拥着整个小镇，是澳大利亚以及游客最青睐的休闲聚集地。沿着邦迪海滩到库吉海滩的悬崖观景路而行，一路上可以慢慢闲逛。坎贝尔广场有众多时尚的冲浪商店、露天咖啡馆和酒吧；库列斯街则有众多的艺术画廊。可以在建于 20 世纪 20 年代的精致优雅的邦迪凉亭里品尝鲜奶冰激凌，也可以在悉尼的标志性场所之一邦迪冰山游泳池戏水。日落时可以一边领略壮观的大海美景，一边享受邦迪海滩上众多餐馆的诱人美食。

[坎贝尔海滩广场]

邦迪海滩是悉尼广为人知的海滩。烈日之下，风光旖旎的海滩上游人如织，穿着比基尼、热裤的帅哥美女惬意地躺在沙滩上，看着月牙形的蔚蓝海洋，在这片纯净的蓝白交织的海滩上尽享阳光！

[牛奶湖]

爱美者最爱的天然SPA圣地

牛奶湖

如果你向往真正纯净的海水和一次特殊而难忘的SPA体验，那么，帕劳的牛奶湖便是你要寻找的世外桃源。牛奶湖是帕劳颇具特色的旅游胜地。来牛奶湖，洗尘、洗肺、洗心，洗去疲惫！

所在地：帕劳
特　点：一个可以洗出美丽的美妙天堂

不一样的海洋天堂

牛奶湖是一个位于洛克群岛的山中湖，是洛克群岛中最为独特的海洋景观之一，也是帕劳颇具特色的必游景点。在遥远的古代，这里火山活动异常频繁，火山喷发后的火山灰沉积湖底，长年累月，形成厚厚的火山泥。再加上帕劳的海水透明度极高，湖底沉淀的火山泥使海水蓝绿色中带点乳白色，加上湖底绵白的火山泥很像牛奶，因此被称为牛奶湖。

实际上，牛奶湖并不是湖，而是一个岩岛围环、只有一个出口和大海相连的小小的孤立海湾。奶色的海水和外海碧蓝的海水相通。它三面被山环绕，夹杂在众多小岛之间，由于地形的关系，看起来像座湖。牛奶湖的颜色非常特别，如同牛奶般，海底沉淀着白色珊瑚泥，纯净而美丽，在阳光下闪闪发着光。岛上的美景，连同多姿多彩、千变万化的海底世界，给全世界的旅游、潜水、海洋生物爱好者提供了一处休闲度假、海底猎奇的人间天堂。

身在牛奶湖，你会发现没有任何商贩骚扰你。猴子、狗还有松鼠很和谐地围绕在你的周围，也没有任何喧嚣和吵闹。如果你喜欢徒步，有蜿蜒曲折、刹那惊喜的小巷供你游玩，沿途有醇香扑鼻的咖啡店、安逸放松的按摩店，以及各种小吃店。在这里，时间是缓慢而悠长的。好吃的小吃、外国人聚集的小馆，还有那么多琳琅的小玩意，花多少钱并不重要，重要的就是一种氛围吧。

[牛奶湖面]

爱美人的 SPA 之旅

帕劳的海水清澈度极高，在海底水流和海底生物游动的拌动作用下，火山灰和碧蓝的海水混合，于是就形成了游人眼前所看到的非常漂亮、呈奶色的海水。牛奶湖是由于火山岩沉积在湖底而形成的，与其他的海水湖不同，牛奶湖的颜色透着乳白色。虽然牛奶湖湖底的火山活动已经暂停，但湖底仍渗出海底温泉，使牛奶湖的湖水有淡淡的硫黄味。沉积了数万年的火山泥，含有很多种天然的矿物质成分，和海水中具有杀菌作用的微生物一起，就变成了纯天然的绝佳护肤品。加上火山泥美容养颜，在这里敷泥、浸泡湖水，肤质会变得美白细致。

因此，来到帕劳旅游，位于洛克群岛的牛奶湖绝对是爱漂亮的你一定要前往的景点。而事实上，所有在帕劳，热带雨林覆盖了大多数的岛屿，有黑檀木、孟加拉榕树、面包树、椰子树、露兜树等多种热带植物，这些热带雨林形成绿意盎然的树海。

当地传说，帕劳是由一个很贪吃的男孩尤伯的身体变的。他吃光了所有能吃的东西，弄得镇上闹起了饥荒，因此大家决定除掉尤伯。大家在尤伯四周点上火，火焰蔓延到尤伯身上时，他躺倒在地上拼命挣扎起来。于是他的脚变成了贝里琉岛和安佳岛，他的双腿变成了科罗岛，他硕大的身躯就成了大岛。这个怪异的传说，不知最初是不是当地人用来吓唬小孩子，告诫他们不要太贪吃时想出来的。岛上的物产只有椰子、甘蔗、菠萝、番薯之类，粮食和生活用品都靠进口。如此看来，岛民对饥饿的恐惧倒也不无道理。

[帕劳女人钱]

女人钱在人类物品交换史上是一种奇特的东西，对帕劳诸岛上的人而言更是有不同寻常的意义。如果把一条贵重的黄金项链与一串女人钱摆在帕劳女人的面前，大部分的帕劳女人会选择女人钱。对一个帕劳女人而言，脖子上戴一串女人钱可以彰显她来自一个有钱的家族或嫁给了一个有钱人，并表示她被这个家族重视，所以她才有佩戴女人钱的权利。

到帕劳旅游的游客都会到牛奶湖，跳入海中、潜到海底，然后用手抓一把海底沉淀的火山泥。紧接着，你可以浮出水面，在乳白色的海水中，慢慢用火山泥涂抹全身，再在湖水中洗净，顺便浸泡湖水，或者在粉蓝的湖水中自由自在地游弋，享受天然的 SPA，皮肤顿时间也会变得光滑细致，功效可以媲美冰河泥或死海泥。最有乐趣的活动，莫过于和一群好友一起享受天然 SPA，大家各自把自己从头发到脚抹得严严实实，活脱脱像一群能动的雕像，如果不是凭声音，简直难以分辨原本非常熟悉的你我他。 在泥巴快干的时候，眼睛和嘴巴都快张不开了的“雕像们”争先恐后地跳下海，顿时，天蓝色宁静的水面被搅得水花四溅，从大家身上洗掉的泥巴也让海水变成了乳白色。

颜色像牛奶般的火山泥拥有丰富的矿物质、盐分、少量的硫黄，呈灰白色，细腻而光滑，无论男女只要涂抹全身，等干了之后清洗干净后，会留下薄薄的一层油脂，正好为日晒后的肌肤做一次深层保养。爱美的你可别错过这个千载难逢的机会！

全世界最浪漫的求婚圣地

白天堂海滩

它是全世界最“白”的海滩，有最纯净的沙子，是降灵岛屿中一颗未经雕琢的璞玉，它就是被评为全球最佳求婚圣地和全球最环保的海滩——白天堂海滩。

矽沙：海滩上的魔术师

在澳大利亚昆士兰州首府布里斯班的北面，有一个由 74 个热带岛屿汇聚而成的群岛，即降灵群岛，它是南半球最为知名的群岛之一，

在《鲁滨孙漂流记》中，降灵群岛是鲁滨孙向往的目的地。这里的每个岛屿除形状和大小不同外，全都是世界一流的度假胜地。而白天堂沙滩所在地圣灵岛就是降灵群岛中最大的一座岛。

所在地：澳大利亚
特　点：含二氧化硅量 98% 的矽沙让白天堂沙滩拥有世界上最白的沙滩，海滩绵延 7 千米
…

白天堂海滩是一个古朴却屡获殊荣的海滩，位于圣灵岛的东南端，是圣灵岛最美的海景之一。这个海滩长 7 千米，宽 50 米。柔软、白净的细沙就像浓浓的奶油冰激凌，清澈的海水透着沁人心脾的靛蓝，让人深深沉迷其中，无法自拔。躺卧于碧海、阳光、海滩之中，你会

[白天堂沙滩]

感觉自己置身于仙境中。

这里的沙子属于矽沙，这种沙子主要分布在美国、西欧以及澳大利亚的一些地区，由于化学结构单一，组成元素少，因此它是世界上最纯净的沙子之一，白天堂海滩最著名的白色沙滩归功于矽沙中超过 98% 的天然二氧化硅成分，这些二氧化硅在阳光的照射下会发出耀眼的白色。这些白沙的形成十分不易，远方的硅化岩石通过洋流在这里沉淀，经过成千上万年的风化作用才演变成如今的样子。

[白天堂沙滩]

除了“白”之外，这些矽沙还是性能极佳的隔热材料，甚至连美国国家航空航天局也千里迢迢地从这里运沙到美国去制造太空隔热材料。因此，即使在炎炎夏日下午一两点，这里的沙粒也不会炙热得让人无处下脚，只有双脚插入沙子里，你才会感觉到丝丝的炎热。

这种白，也许就是白天堂海滩这一名字的由来。由于矽沙材质特殊，这里的沙子非常细腻，走在上面感觉不到丝毫的颗粒感，好似踩在棉花上一般，让人感觉十分舒适。

丰富多彩的娱乐活动

澳大利亚政府一直致力于保护天然海岸线、杜绝过度人工开发，设立了多座国家公园。白天堂沙滩就属于当地国家公园的一部分，政府禁止对此地进行开发，所以在这里没有任何居民和饭店。每当旅客散去后，这里就像一座无人岛。而正是这种近乎严格的规定才让这个天堂般的海滩得以保留最原始的景观风貌，但尽管未经开发，当地的娱乐项目还是十分多。

浮潜是来到白天堂沙滩不可错过的一项活动，在海滩的周围有公共的潜浮工具供游客借用。一头钻入大海后，你可以欣赏到美丽的珊瑚礁和形态各异的水下生物。那神秘的海底世界，让人为之心醉。如果你不能下海，白天堂沙滩还有大片的浅水区，即使是不会游泳的人也能去“海洋”中戏水。日落时分，随着涨潮，当地的景色也会不断地发生着变化。

为了保护生态环境，圣灵岛上没有设立码头。因此探访白天堂海滩最好的方式是水上飞机。从飞机上往下看，白色的沙滩、碧蓝的海水尽收眼底。

白天堂沙滩被誉为“澳洲最美的沙滩”和“全世界最环保和最干净的沙滩”。整个沙滩绵延 7 千米，全部呈白色，由沙质洁白、细腻、柔软的纯二氧化硅细沙组成。

沙画般的美丽：希尔湾

在白天堂海滩北端有一个叫作希尔湾的海湾。你可以在海滩附近寻找一艘游船前往希尔湾。

希尔湾舌头岬上的瞭望台是观赏白天堂海滩和旋转沙子的最佳地点。每当海潮转移时分，沙子和海水就会被杂糅在一起，创造出一种美丽的色彩混合。当地人把这种现象叫作“旋转沙子”。那跟随着潮汐一起千变万化的旋转白沙，就像一幅奇妙的沙画一般，每一次探访都能给游人不一样的奇妙景色。

圣灵群岛除了白天堂沙滩之外，还有 2600 多千米长的大堡礁以及像蓝色心脏一般的心形礁，这些都是圣灵群岛不可错过的美景。

洁白的沙、碧蓝的水，当它们像颜料和水一样混合在一起的时候，这里的美会让人觉得不太真实。回过头来，你才发现这些是沙、是水，是点缀在山水间的五光十色的珊瑚礁。这里每年都吸引了无数的游人寻幽探秘，享受自在宁静的氛围。

南半球的蓝色盛宴

大堡礁

大堡礁堪称地球上最美妙绝伦的“装饰品”，像一颗闪着天蓝、靛蓝、蔚蓝和纯白色光芒的明珠，即使在遥远的太空也能清晰可见这场蓝色盛宴。它是世界上最大、最长的珊瑚礁群，被称为“透明清澈的海中野生王国”。

所在地：澳大利亚
特　点：世界上最大、最长的珊瑚礁群，景色迷人、险峻莫测，水流非常复杂，有400余种不同类型的珊瑚礁……

大堡礁是世界上最大、最长的珊瑚礁群，位于澳大利亚东北部的昆士兰州对岸，纵贯于澳洲的东北沿海。大堡礁号称海洋里的“亚马孙”，这里景色迷人、险峻莫测，水流非常复杂。其神秘而丰富多彩的珊瑚礁里，蕴藏着数量巨大的物种与生物圈。

大堡礁由外堡礁和内堡礁组成。外堡礁是远离大陆深入海洋的部分，保持着原生态的淳朴美景，海水清澈透明，在船上即可清晰看见珊瑚礁。内堡礁则是连接陆地的区域。大堡礁所处的水域得天独厚，其海水温度、深度、含盐度和透明度都非常适合珊瑚的生长，这也为它成为全球最大、景色最美的珊瑚礁群提供了得天独厚的条件，被誉为“世界第八大奇观”。

[大堡礁灯塔]
大堡礁地势险恶，周围建有大量的航标灯塔，大堡礁灯塔有些已成为著名的历史遗址，而有的经过加固至今仍发挥着作用。这些航标灯塔在发挥导航作用的同时也成为一道道风景。

大堡礁离海岸有20～50千米，由此而形成了一道天然的屏障，防御太平洋的汹涌波涛，保护着绚丽多彩的珊瑚礁群。大堡礁属于热带气候，自然条件适宜，无大风大浪，成了众多鱼类的栖息地。落潮之时，部分珊瑚礁露出水面形成珊瑚岛。从高空俯瞰，珊瑚岛宛若一块块碧绿的翡翠，在蓝色的海水中熠熠生辉，而若隐若现的礁顶又仿佛艳丽的花朵，在碧波万顷的大海上绽放出最美丽的身姿。

在礁群与蜿蜒的海岸之间，有一条非常方便的交通海路。当没有风浪的时候，乘游船从这里安然通过，低头看向船下，透过清澈的海面，你可以观赏到多彩多姿的珊瑚景色。凭借缤纷美丽的海下景观，这里也成为世界各地游客前来猎奇观赏的胜地。据生物学家考察，大堡礁有 400 余种绚烂多彩的珊瑚，它们的造型千姿百态，有扇形、鞭形、半球形、鹿角形，甚至还有树木和花朵状的。随着珊瑚种类和颜色的不同，这里的水域颜色也从白到青，再到靛蓝，绚丽多彩，珊瑚颜色也异常丰富和鲜艳，几乎是地球上绚丽海底世界的最美缩影。

大堡礁形成于中新世时期，距今已有 2500 万年的历史。它的面积还在不断扩大。它是上次冰河时期后，海面上升到现在位置之后一万年来形成的。

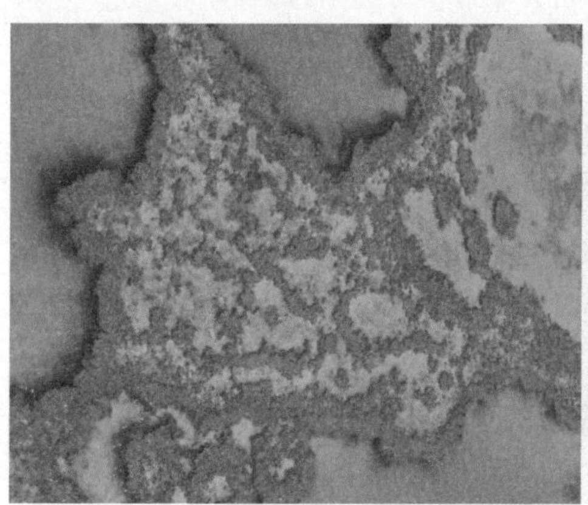

[大堡礁珊瑚]

大堡礁由 400 多种绚丽多彩的珊瑚组成，造型千姿百态，堡礁大部分没入水中，低潮时略露礁顶。从空中俯瞰，礁岛宛如一块块碧绿的翡翠，熠熠生辉，而若隐若现的礁顶如艳丽花朵，在碧波万顷的大海上怒放。

大堡礁群落蜿蜒绵长，给人一种生生不息的感觉，犹如一片片的海底森林，壮观而辽阔，而且层次非常分明，色彩艳丽绝伦，又远离了喧嚣和尘世，形成一种安静祥和的氛围。你可以在这里浮潜、深潜等，观赏这片世界上最为壮观的礁群，与无穷的海洋生命进行近距离的亲密接触。置身于如此精彩的海底世界，远离尘世喧嚣，静静享受大自然带给你的震撼吧！

[悉尼港一角]

绝世海上乌托邦

悉尼港

悉尼港是悉尼海上交通的重要港口，拥有世界级的海港美景。碧波粼粼的海面上，渡轮、游轮、游艇、军舰、水上的士和皮划艇来回穿梭，海岸线两旁的小海湾岩石密布、峭壁林立、水道纵横、海滩明媚，一切都美不胜收。

所在地：澳大利亚

特　点：这里拥有绝美的海湾、海滩、海岛、水道、渡船、游艇……要领略它的美妙，你必须到此一游…

惊艳而浪漫的海港美景

悉尼港东临太平洋，西面为巴拉玛特河，别名杰克逊港，有人也称悉尼港是城中港。悉尼港是澳大利亚进口物资的主要集散地，港湾口小湾大，是世界上著名的天然良港。事实上，欣赏悉尼的最佳视点之一是游弋于悉尼港的碧水中向两岸眺望。租一艘游艇停泊到海湾中，或乘船游览，你一定会爱上它的清新温柔。

悉尼港是世界上出镜率最高的景观之一，而要感受它真正绝伦的美丽，必须亲自到此一游。在这里，你能近距离观赏悉尼海港大桥和悉尼歌剧院。最好是选择傍晚出港，坐在船上可以看着悉尼的地平线由明到暗，绚烂的晚霞将两岸的高楼大厦都镀上美丽的金色光芒，金色光芒随着晚霞的光芒移动、腾挪，不断地闪烁着，那是一种令人精神振奋、让人无限遐想的金色。这时，岸边的灯火渐次点亮起来，当夜色渐浓，悉尼港在璀璨灯光中更显神秘莫测，此时的悉尼歌剧院和悉尼海港大桥也别具风韵。

悉尼港的海岸线蜿蜒 240 千米，拥有绝美的海湾、海滩、海岛和水道，渡船、游艇、汽艇、远洋班轮和划艇都争相来到悉尼港，令它时刻充满朝气和生机。如果你喜欢与众不同的体验，岩石区的古代高桅帆船是最佳的选择。自然爱好者们或许会更喜欢观鲸游船，或者参加日间或过夜游船，在海岸边欣赏海豚，也是极其惊艳的体验。

[悉尼港海岸线绝美的水湾]

令全世界艳羡的海滨之城

悉尼港天然的环形地形让它注定成为世界上最美的港口之一，其一边是高楼林立的城市中心，一边是人头攒动的环形码头，另外一边则是充满文化气息的岩石区、博物馆。天空像被水洗过一般澄澈，古色古香的岩石区和环形码头有悉尼最棒的滨海餐厅。

在悉尼港，不得不提的是大家耳熟能详的悉尼歌剧院。它是悉尼港的地标建筑物，是一座贝壳形屋顶的下方结合了剧院和厅室的水上综合建筑，其特有的帆造型，与周围的景物相映成趣。而横跨港口上空的悉尼海港大

[悉尼歌剧院]

悉尼歌剧院是澳大利亚的表演艺术中心。它耸立在悉尼市贝尼朗岬角上，紧靠悉尼海港大桥，三面环海，南端与政府大厦遥遥相望。它的造型新颖奇特，外形犹如一组扬帆出海的船队，与周围海上景色浑然一体，是悉尼的地标。

桥如长虹凌空，气势壮观，是南半球的第一大拱桥。与悉尼歌剧院一样，悉尼港也是许多特别活动的举办地，如悉尼港歌剧节、璀璨缤纷的活力悉尼灯光音乐节和新年前夕著名的悉尼新年前夜的午夜焰火表演等。最值得期待的是悉尼新年前夜的午夜焰火表演，新年倒数之时，以巍峨俊秀的悉尼海港大桥为中心，两岸的数栋高楼，以及悉尼港的海中间，隔海相望的悉尼歌剧院，深邃的海天一线中会燃放着璀璨的焰火，焰火点燃悉尼港的夜空，夜色中各种焰火交相辉映，高潮迭起，美不胜收，现场人们热血沸腾、狂喊狂叫，气氛热烈，令人叹为观止！

[悉尼海港大桥]

悉尼海港大桥号称世界第一单孔拱桥，桥身长 1149 米，从海面到桥面高 58.5 米，从海面到桥顶高达 134 米，万吨巨轮可以从桥下通过。桥面宽 49 米，中间铺设有双轨铁路，两侧人行道各宽 3 米。它与悉尼歌剧院隔海相望，是悉尼的象征。

这里的景点还有悉尼野生动物园和巨大的悉尼海洋生物水族馆。如果你是资深吃货，如果你迷恋在夕阳下漫步，如果你喜欢街边艺术，那么，悉尼港便是你不可错过的旅游胜地。

让生活回归本源的仙境

马尔堡峡湾

幽静的海湾、清澈的海水和美丽的沙湾，或是徒步穿越森林或绕山岬乘皮划艇探索，马尔堡峡湾处处呈现原始纯洁的气息。

马尔堡峡湾是新西兰的生态旅游之地，位于新西兰南岛最顶端，最早是一个远古时期形成的下陷河谷，后来太平洋的海水注入河谷，形成了风景秀丽的峡湾。这里全年享有充足的阳光，气候十分温和，拥有未受破坏的原生态自然风光。这里是当之无愧的体验休闲活动和户外探险的度假天堂。

所在地：新西兰
特　点：最早是一个远古时期形成的下陷河谷，后来太平洋的海水注入河谷，形成风景秀丽的峡湾

探索纯净原始的马尔堡峡湾，可以骑自行车，可以乘船，也可以徒步。夏洛特女王步道为游人提供了一段激动人心的穿越马尔堡峡湾之旅，步道穿越茂密

海豚作为新西兰的海滩“明星”，有各种各样的传奇故事，从早期的毛利人神话到现代传说，林林总总，耐人寻味。毛利人将海豚称为水精灵，在欧洲人登陆后的两个世纪里，新西兰也流传着许多与海豚有关的传奇故事。

的沿海森林，绕过古老的海湾，两岸山脊蜿蜒高耸入云，从历史悠久的船湾一直延伸至位于小树林湾内的阿纳基瓦，无与伦比的壮丽景色尽收眼底。夏洛特女王步道大部分路段宽阔而平整，所有干流河道上也都已架设了桥梁。若是徒步，走完这段全长 71 千米的行程需要 3 ~ 5 天。浩瀚的国家公园和遮蔽水域，遍布露营地，是游人体验帐篷生活的理想选择。

每年 3—11 月，整条夏洛特女王步道会向山地自行车开放。而其他的时间里，只有从凯内普鲁山坳

[出现在《纽约画报》上的海豚罗盘杰克]

新西兰的库克海峡暗礁丛生、洋流汹涌，曾有上百艘海船在此遇难。1888—1912 年的 24 年间，这里出现了一只自动为过往船只、船队导航的海豚，人们都亲昵地称它为“罗盘杰克”。杰克每次护送船只 20 分钟，直到船只顺利驶出危险水域。要是没有看见杰克，船都会停下来，等候杰克的出现。只要是杰克领航，就不会出现沉船。

到阿纳基瓦这段长 40 多千米的路段才允许山地自行车通行。游人可以穿越美丽的葡萄园，在饱览自然风光之余品尝典藏佳酿，不失人生一大乐事。马尔堡是新西兰最大的葡萄种植区，也是著名的葡萄酒之乡，这里出产举世闻名的长相思葡萄酒，其葡萄酒产量占新西兰葡萄酒总产量的 75% 以上。沿途一排排整齐而又繁茂非常的葡萄藤在马尔堡肥沃的山谷中不断延伸，极目远望，一整片完美的葡萄种植区现于眼前，这个充满神秘的地方有形状奇特的植物，还有随处可见的吊床。优渥的地理环境使葡萄藤等作物生长茂盛，

同时陆地和海洋也出产丰富的当地特产，马尔堡峡湾也因此而成为顶级美食胜地。

天然原始的环境和阳光明媚的气候让马尔堡峡湾成为新西兰最著名的户外游乐场之一。自助皮划艇之旅或乘豪华游艇出航，是探索马尔堡峡湾的精彩方式。沿途，陆地和海洋景观形成鲜明对照，可与海豚、海豹和海狮同游，或者潜水和钓鱼；也有崎岖的山脉和种有一排排葡萄藤的肥沃平原，并拥有多种本土林木和野生动物。

如今的马尔堡峡湾已经成为皮划艇漂流和徒步旅行的圣地。幽深洁净的水域也是理想的水产养殖地。这里拥有肥沃的土壤、充足的阳光和大片的水域，马尔堡峡湾是海水淹没的山谷，森林和海水连成一片，形成了壮丽的海滨风光。

几个世纪以来，峡湾毛利人商人以此为避风港。之后欧洲探险者，如库克船长、杜蒙船长和乌维尔也在此落脚。后来，它成了那些寻求新奇景观、体验刺激的游客向往的地方。

如果你乘轮船或飞机来到这个地方，一定会立即被马尔堡峡湾的美景深深吸引。在毛利人的传说里，他们称整个南岛为“毛伊的独木舟”。据说，有一艘独木舟在远洋捕鱼中触礁失事，而它破碎的船头则成了今天的峡湾。

水中的七彩祥云

水母湖

在广袤的太平洋上有这样一片神奇的海洋，水面上全是密密麻麻的水母，这里就是闻名世界的帕劳水母湖。

所在地：帕劳
特　点：一种奇幻的生物，组成一个如同梦幻一样的所在
…

由于和外海隔绝，水母湖中大多数海洋生物都随着养分的消耗而消亡，只剩下水母这种靠少量微生物存活的低等生物。由于天敌退场，这些水母丧失了祖先用以自卫的毒素。

水母湖坐落于帕劳有名的洛克群岛深处一个叫作埃尔·马尔克的岩岛上，因其中聚生着成千上万的水母而得名，是帕劳最著名的景点之一，在全世界享有盛誉。湖中数以万计的不同种类的水母聚生在一起，均是现今世界上少见的无毒水母。

要去水母湖欣赏绝美奇景，游人必须要靠绳索攀爬过一个布满湿滑青苔的山头，这个山头怪石密布，藤萝纵横。湖边的红树林生境非常吸引人，高大的红树林在水下有发达的根系，透明如镜般的湖水中可以清晰地看见小鱼在游动着，偶尔几只水母在水中如仙女般闪过，午后的几缕阳光透射进水面，温柔地散射在水底的绿色地毯上，美得不像现

[水母湖]

水母湖在1982年被发现，1985年正式开放观光，帕劳共有5个无毒水母湖，出于保护目的仅有一个对游客开放。水母湖藏在一座海岛深处，需用10分钟翻过陡峭的山头，再下到内海才能看到，这里看起来像湖，但水底与外海相通。

实中的红树林生境，让人有几分来到仙境的错觉。

事实上，大部分黄金水母集中在湖的中部。最适合看水母的时间是中午，这个时候水母都会浮到水面上进行光合作用。阳光洒落在湖面上，射入十几米深的湖底。在盛午阳光映照下，水母成群结队地从幽寂黑暗的湖底升腾而起，进行光合作用，只见水面上密密麻麻的水母一闪一闪地泛着金光，十分耀眼壮观。它们如绚烂的花海，花簇绽放，令人眼花缭乱，心生喜悦，而当你凝视近处的水母，它们就像一朵朵有生命的花朵，晶莹剔透，张合收放，从容优雅地在你的身边翩翩起舞。它们是如此的旁若无人、悠然自得。水母的伞帽一张一翕，触手一伸一缩，全然不理会闯入这里的“不速之客”。置身于这样一群精灵之中，让人仿佛来到了另一个世界。帕劳水母湖的神奇之处是你可以近距离与这些可爱的小生命接触。在水母湖中，你可以悠闲缓慢地游泳，和这些可爱的黄金水母嬉戏合影。

这是一片与世隔绝的水域，水母湖中的大多数海洋生物都随着养分的消耗而消亡，却唯独留下了数量巨大的水母。失去了天敌后，水母都退化成了无毒的物种。每一只水母的颜色都是迷人的金黄色，大大小小，蔚为壮观。

据说“二战”时期，日本的侦察机低空飞过水母湖上空，发现湖中有大量金黄色的东西，以为是黄金，就派人来调查，结果发现了这种金黄色的生物，也给它们起了一个响当当的名字——黄金水母，水母湖就这样公之于世，每年吸引着大量世界各地的游客前来游玩。

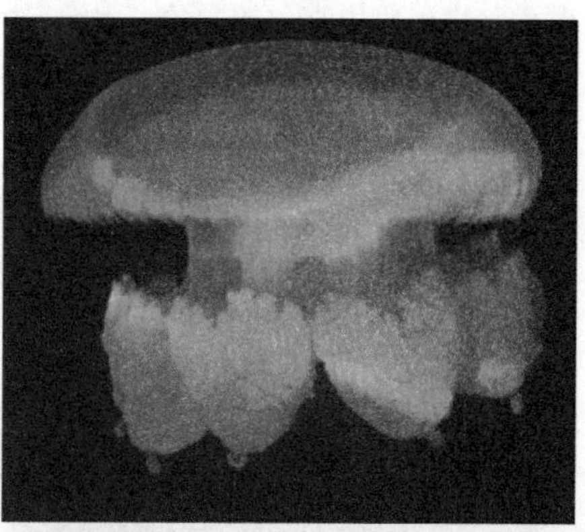

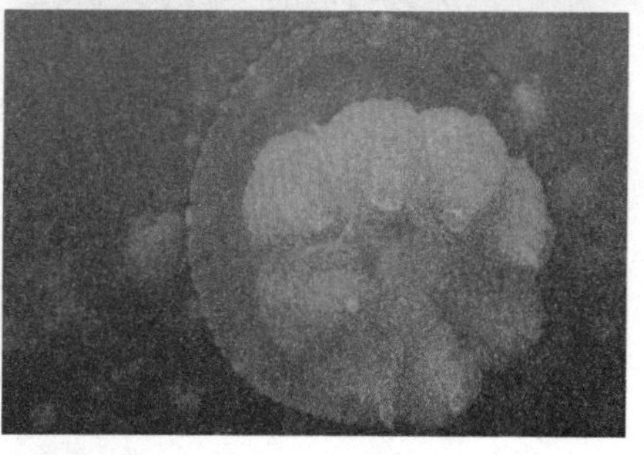

[黄金水母]

水母是水生环境中重要的浮游生物，水母身体的主要成分是水，并由内外两个胚层组成，两层间有一个很厚的中胶层，不但透明，而且有漂浮作用。水母早在6.5亿万年前就存在了，水母的出现甚至比恐龙还早。它们在运动时，利用体内喷水反射前进，远远望去，就像一顶顶圆伞在水中迅速漂游；有些水母的伞状体还带有各色花纹，在蓝色的海洋里，这些色彩各异的水母显得十分美丽。

遗落在南半球的月牙湾

白色长沙滩

乳白色的沙滩交映着蓝色的海洋，让人产生一种海阔天空、世界尽头的奇妙想象。蓝色与白色成为唯二的颜色，浪涛声则成为唯一的天籁，这里就是“白色长沙滩”。

所在地：帕劳
特　点：前方是浩瀚的碧波大洋，远方只有几座翠绿的海岛零星点缀，更远方则是千变万化的白云，乳白色的沙滩交映着蓝色的海洋，浪涛声则成为唯一的天籁

白色长沙滩位于帕劳洛克群岛中一座无人岛上，是一个绵延1000千米的海滩。从空中俯瞰，这里就像一抹不经意泼洒在蓝色画布上的雪白弧线，美得那么虚幻又真实。乳白色的沙滩交映着蓝的海洋，在这里很容易了解什么叫作海天相连。

白色长沙滩犹如彩虹状的白色走廊，午后赤道上强烈的阳光，由于反射作用使沙白得耀眼，令人不敢正视。而大海也似乎吞噬了骄阳的锐利，敞开自己深邃的胸怀，蓝得彻底、干净、大气，没有一丝一毫的怯懦。涨潮之时，白色

[长沙滩]

长沙滩隐身于海底，呈现为一个淡绿色的海域；落潮时分，它就变成了一条白色的陆上走廊。白色长沙滩的沙子干净得令人难以置信，沙滩两侧的海水如自来水般清澈透明，当沙滩因退潮而逐渐浮出一个半月状的海上走道时，可以步行从一岛走向另外一岛，让人仿佛从一个世界走向另一个世界。

蔚蓝色的宽阔洋面上，两个孤独的绿色小岛间，白色长沙滩犹如一条优美的白色弧线划过，仿佛遗落在南半球的一湾新月。

[被台风刮倒的大树]

这些漂浮在大海中的巨大枯木或树根，被海水冲刷到海滩上，成为岛上一大风景线。

说到白色长沙滩，不得不提一下德国水道，它位于白色长沙滩与大断层之间，此水道由德军兴建，始于 1900 年左右，当时是以炸药破坏环礁，开通出一条可以连接安佳尔岛的水道，以便运送磷矿。德国水道全长 366 米，水深 3 米，可以前往帕劳海洋生态保护区七十群岛。

最“上镜”的海滩

小姐湾海滩

小姐湾海滩背靠岩石，崖岸上开满了黄色的野花，淡淡的花香随着海风吹到游人的周围。在小姐湾海滩一年四季都可以看到裸体的泳客，将原始的粗犷和现代的浪漫展现得淋漓尽致。

所在地：澳大利亚

特　点：这里被誉为最受欢迎的“裸晒”地之一

…

[小姐湾海滩指示牌及海滩]

小姐湾海滩是 20 世纪 70 年代由澳大利亚总理宣布的合法天体海滩之一，它隐藏在热闹的旅游景点屈臣湾的隐秘处。

有活动时，几百号人就能把这里挤满，来的都是正宗天体客，保守的澳大利亚人并不将这里作为旅游景点，所以没什么游客光顾。

小姐湾海滩位于悉尼的东部，它隐藏在热闹的旅游景点屈臣湾的隐秘处，是澳大利亚历史上最悠久的开放式裸体海滩，也是悉尼最上镜的海滩。小姐湾海滩面积不大，环境非常漂亮，有绝美的海洋风光。

小姐湾海滩被誉为最受欢迎的“裸晒”地之一。来小姐湾海滩的都是正宗天体客。事实上，天体浴场已经成为一种流行趋势，象征着阳光和健康，被越来越多的人接受。在这里，人们可以褪去衣物，完全卸下伪装，与大自然融为一体。要是你没有足够勇气加入天体客的行列，那么就站在台阶上默默地欣赏别人吧。这里没有人会在意你的目光，因此你大可不必介怀。

[曼利海滩南段的小径]

海滩南端有一条小径从曼利冲浪救生俱乐部延伸至雪莉海滩，这是一条备受慢跑者、自行车手和当地人欢迎的小路。

夏日中的一抹清凉

曼利海滩

阳光、大海和沙滩，海鸥和涛声，美食和笑声，美丽而幸福的人们，悠闲惬意的感觉、旖旎的海景和清凉的树荫，这一切精彩海滩生活所需的基本元素，曼利海滩无一不备。

曼利海滩位于悉尼的北部，是悉尼北部海滩中的一颗明珠，是悉尼人最钟爱的海滩之一，也是一个美丽的天然海滨浴场。在曼利，人们都说“距离悉尼7英里，烦恼抛却数万里”。这里的蓝天白云映衬着白色沙滩和蔚蓝清澈的海水。从海港浅滩到滨海大道，到处遍布棕榈树。沿着棕榈树大道一直走，除了美丽的自然风光，还有众多购物商店和新潮精品店，以及囊括世界各地风味的美食街。店铺林立，各类商品应有尽有。

曼利海滩长约2.5千米，干净而整洁。在曼利海滩一端，有一个带遮蔽的海水泳池，怕晒黑的人可以在那里游泳。而海滩北端的女皇崖则是学习冲浪的绝佳地点，同样也适合有经验的冲浪者。

所在地：澳大利亚

特　点：沙子黄如金，大海蓝如宝石，海滩的岸边漫山遍野开满了五颜六色的鲜花。曼利海滩的沙质很好，十分细腻…

Antarctic Articles

6 南极洲篇

最接近天堂的地方

天堂湾

这是个宁静而安详的港湾，这里只有蓝、白和湖蓝三种主色，纯净到极致。这里风平浪静、波澜不惊，海面如同镜面一般。这里就是美丽绝伦的天堂湾，如果有天堂，这里最接近。

所在地：南极洲
特　点：最神秘、梦幻的地方，这里纯净而空灵，宛若水晶一般清澈通透，拥有美似天堂的绝美风光
…

天堂湾在历史上一直是捕鲸船的避风港，有关南极的书籍中，总少不了关于它的传奇故事。捕鲸曾经是 20 世纪人们为获取高额利润，使用工具捕杀鲸、提炼鱼油而采取的一系列活动。如今捕鲸已被禁止，但在南极一些岛屿，仍有当年所残留的船只及鲸骨。

被冰川和雪山环绕着的天堂湾，是南极洲最著名的景点之一，也是阿根廷科考站的所在地，蓝天、白云、阳光共同装扮着这个童话般的世界。

南极洲孤独地位于地球的最南端，95% 以上的面积为厚度极高的冰雪所覆盖，酷寒、烈风和干燥是南极洲最常见的气候，年平均气温为 −25℃，内陆高原平均气温为 −52℃左右，极端最低气温曾达 −89.2℃，在这样的环境下植物难以生长，偶尔能见到一些苔藓、地衣等植物。天堂湾地理位置特殊，与外界的联系完全被两座岛屿所阻挡。在这样的环境之中，天堂湾被千年冰川所形成的悬崖峭壁紧紧包围。这里风平浪静，波澜不惊，就像诗中所说“不敢高声语”，也许正是因为这片宁静，除了感觉自己多余之外，也会把人逼疯。在阿根廷南极考察站曾发生过一个令人唏嘘的故事：因为同伴要换班回国，留守的随队医生则需要在这里继续值班一年，听到这个消息后，该医生的精神立刻崩溃了，当天深夜他一把火将科考站点着了，希望用过激的方式实现返回国内的目的。事过境迁，如今阿根廷南极科考站虽已重新建起，但悲剧的阴影还笼罩在这里，仿佛还在提醒着人们，任何人的精神都会在极端环境下变得脆弱不堪，尽

管眼前风景如画。

天堂湾不仅风景如同梦幻天堂，在这里的冰山边成群结队的企鹅的知名度和出镜率也是极高。这些企鹅成双成对地摇摇摆摆，在冰面上自由自在地晃来晃去，或是一头扎进海水中戏水玩耍。这些呆萌的企鹅见了人一点也不怯场，面对镜头，好奇心作祟的它们会摇摇摆摆地凑上来东瞅瞅、西望望，有时啄啄你的相机或衣角，活脱脱就是好奇宝宝的扮演者。

当然，天堂湾的动物不仅仅只有企鹅，还有海狮、海豹和海狗。海豹总是一副懒洋洋的模样，挺着鼓鼓的“啤酒肚”倒在海滩或者躺在冰床上袒腹晒太阳，面对拍照的游客，它们则与企鹅相反，连眼皮都懒得抬一下。海狗虽然体型较小，但比海豹更凶，它们总是露出尖牙作势要咬人，不过游人一拍手，它们就会退到一边去。

南极洲是一个遥远、神秘而又梦幻的地方。天堂湾就是它的名片，千百年来，天堂湾向人类展示着它的冰清玉洁和绝世无双的美丽。

[巴布亚企鹅]

巴布亚企鹅的体型较大，身长 60 ~ 80 厘米，重约 6 千克，眼睛上方有一个明显的白斑，嘴细长，嘴角呈红色，眼角处有一个红色的三角形，显得眉清目秀。因其模样憨态有趣，有如绅士一般，十分可爱，因而俗称“绅士企鹅”。

潜水者的终极梦想地

麦克默多湾

麦克默多湾是世界上最震撼的潜点之一，在这里潜水，犹如在黑夜的原野上飞翔，掠过山峦、峡谷和峭壁，回望上方的冰孔，仿佛一轮明月嵌在发出幽幽蓝光的冰盖中。

所在地：罗斯海
特　点：冰川、雪原、冬天低达 - 51℃的酷寒、强飓风，连昆虫和植物都无法生存；可就在冰层之下，海洋生命欣欣向荣地繁衍着

麦克默多湾为罗斯海向西延伸部分，位于罗斯岛以西，维多利亚地以东，罗斯冰棚边缘。冰川、雪原、酷寒、强飓风，使这里连昆虫和植物都无法生存。但在这里的冰层之下，海洋生命欣欣向荣地繁衍着，因此也使它成为世界上最令人震撼的潜点之一。

这里是进入南极大陆的重要通道。人们通常选择在

[麦克默多干燥谷]

麦克默多干燥谷有 200 多万年没有降水，是地球上条件最严酷的荒漠，它是由于铁氧化后。富含铁的液体流出冰川形成的。正因如此，麦克默多干燥谷是地球上最像火星的地域。

麦克默多湾潜水，因为有厚厚的冰川阻隔，只有 1% 的自然光线能到达冰层之下。在黑暗之中潜水，冰层下的生命和色彩让人叹为观止：明黄的仙人掌海绵、绿色球状海绵、海葵、海星、水母、海胆，以及千姿百态的软珊瑚……如果你运气够好，你还可能看到企鹅优雅地游动捕食。

除了海底风光，“血瀑布”也是麦克默多湾的奇特景观。“血瀑布”是由于铁的氧化，冰川喷出清澈的富含铁的液体，然后迅速氧化变成深红色，像撕裂的伤口中流淌出的一条血色的河流，因此得名。“血瀑布”位于麦克默多干燥谷，谷地周围是被冰雪覆盖的山岭，谷地中却异常干燥，到处都是裸露的岩石和一堆堆海豹等海兽的骨骸，这里便是“无雪干谷”。

世界尽头的暴风走廊

德雷克海峡

去到世界尽头的德雷克海峡寻幽访胜，一边观赏冰雪绵延的静谧峡湾和幽蓝鬼魅的万年冰山，一边享受着四周海鸟、企鹅、海豹和鲸等南极主人的陪伴。

所在地：阿根廷

特　点：冰雪绵延的静谧峡湾和幽蓝鬼魅的万年冰山环绕四周，海洋生物极其繁盛，人文历史古迹非常丰富及处处可见的白色大地

[德雷克海峡]

德雷克海峡紧邻智利和阿根廷两国，是大西洋和太平洋在南部相互沟通的重要海峡，在 1914 年巴拿马运河通航之前，德雷克海峡对 19—20 世纪初叶的贸易起过重要作用。由于巨型油轮的出现和巴拿马运河的日益拥挤，德雷克海峡有可能再度成为重要航道。

德雷克海峡位于南美洲最南端和南极洲南设得兰群岛之间，以狂涛巨浪闻名于世，是沟通太平洋和大西洋的重要海上通道之一。

风暴是德雷克海峡的主宰，这个终年狂风怒号的海峡也被人称为“暴风走廊”。德雷克海峡似乎聚集了太平洋和大西洋的所有飓风狂浪，每一天风力都在 8 级以上。当乘船驶入德雷克海峡，两边巍峨雄伟的雪山令人惊叹不已。在这里可以和海豹、鲸擦身而过，还能看到阿德利企鹅怡然踱步，一切都美妙绝伦。企鹅声、海鸟声、海豹声，各种叫声此起彼伏。各种南极动物密密麻麻地遍布各处。企鹅的居住地是怪石嶙峋的黑色山体，还有岩浆流过的痕迹，黑色的岩石配上黑白色的企鹅，令人惊奇。在这里，你可以乘坐冲锋小船和极地专业向导一起跋涉冷冽的冰川，参观南极科考站，拜访企鹅和海豹的栖息地。